幸福
定律

焦海利◎著

吉林出版集团股份有限公司

图书在版编目（CIP）数据

幸福定律 / 焦海利著 . — 长春 : 吉林出版集团

股份有限公司 , 2018.7

　　ISBN 978-7-5581-5231-3

　　Ⅰ . ①幸… Ⅱ . ①焦… Ⅲ . ①幸福 – 通俗读物

Ⅳ . ① B82-49

中国版本图书馆 CIP 数据核字（2018）第 134155 号

幸福定律

著　　者	焦海利	
责任编辑	王　平　史俊南	
开　　本	710mm × 1000mm　　1/16	
字　　数	260 千字	
印　　张	18	
版　　次	2018 年 8 月第 1 版	
印　　次	2018 年 8 月第 1 次印刷	

出　　版	吉林出版集团股份有限公司
电　　话	总编办 : 010-63109269
	发行部 : 010-67208886
印　　刷	三河市天润建兴印务有限公司

ISBN 978-7-5581-5231-3　　　　　　　　　　　定价 : 45.00 元

目 录
CONTENTS

第三辑 CHAPTER 03
学点为人处世心理使你如虎添翼

目录
CONTENTS

第五辑 CHAPTER 05
学点说话心理成为口才高手

第六辑 CHAPTER 06
学点心理学，做事更有效率

目录
CONTENTS

第七辑 CHAPTER 07
学点心理学，职场之位更稳固

第八辑 CHAPTER 08

纵横商场，学点心理学更顺利

第九辑 CHAPTER 09

卓越的管理者都会学的心理学

目录
CONTENTS

第十辑 CHAPTER 10
心理学力量，助你走向成功

提高
生活质量的
心理学

────●────

①

　　或许，和个人幸福关系最密切的学问就是心理学了。心理学到底在讲

些什么呢？心理学是一门揭示人的心理活动规律的科学，是一门让人变得

更聪明的学问。心理学家们说，他们的任务是描述、解释、预测和控制人

类的行为，从而提高人类的生活质量。

人是一个开放的自我调节系统，人的心理与生理是统一的整体，人的心理活动是受人体的高级神经中枢——大脑控制的。健康的人在生理、心理上都处于动态平衡，维持这种动态平衡需要一定的条件，需要人所共有的心理现象，即个体和社会生活所必需的事物在人脑中的反映。这些，也只有你认真学习心理学，才能更好地懂得。

心理学让人生更美好

[为什么要懂一点心理学]

心理学一词来源于希腊，诞生于19世纪初，是灵魂的科学。希腊文中认为灵魂就是呼吸和气体的意思，一切生物、有机群体生存都是依靠呼吸，也就是由灵魂而来的，后来由于科学的发展，把灵魂改成心灵。科学的心理学不仅对很多现象做出了说明，还阐述了很多事物的发展规律。

不论处在哪个年龄阶层的人，懂一点心理学总是有必要的。懂得心理学，能使你变得勇敢、坚强，独立去面对现实中的困难、矛盾、挫折、悲伤及痛苦。面对人生的心理状态非常重要，心理学涉及很多方面，包括普通心理学、发展心理学、社会心理学、心理健康与心理障碍、心理测试学、咨询心理学、心理咨询技巧、心理测试技能、心理诊断技能等。当然，这些都需要人们去不断地掌握和理解，这样，人生才会绚丽多彩。

人有生理和心理需要，人的生理需要有温度、氧气、水、食物等；人的心理需要有睡眠、休息和寻求刺激。这些基本的需要得到适当满足，继而产生安全需要、友谊和爱的需要、尊重和自尊的需要，直到能最大限度地发挥个体潜在的能力。然而，如果生理、心理动态平衡失调超出一定限度，个体已不能自动使之恢复，则表现为生理、心理功能失调，形成病态，比如：神经衰弱、睡眠过度、抑郁、焦虑、孤独、社交恐怖等。如果人没有能力按社会认为适宜的方法行动，以至其行为的后果不适应本人或社会，这就是通常所说的"心理障碍"。

随着人们的生活压力越来越大，研究心理学对探索人生、了解人们内心活动有着极为重要的作用。人们也普遍意识到生活中的各个系统都与心理学息息相关，常常通过它来调节自己的行为能力。心理学有很好的实用价值，使人们感到学习心理学可以很好地利用它的价值，提高个人素质。心理学深入到每一个人的心中，为我们以后达到更好的人生目标奠定了基础。

[了解心理，透析人生]

心理学是现代人们生活中涉及最为广泛的话题。不论人们的衣食住行，还是社会交往，都离不开心理学，都需要涉及心理学的方方面面。心理学支撑、改变着我们人类的一切生活。现代心理学的发展，在理论上已基本形成，而且成为了一门独立的科学体系。而且它在社会实践中针对各个不同的派系，建立了相互的联系，从而派生出许多分支学科。

1. 普通心理学

普通心理学研究正常成人的心理过程和个性心理特征的一般规律，是心理学中最基本、最重要的基础研究。按照心理活动的基本过程和个性心理特征，可以把普通心理学分为感觉心理学、知气质心理学、人格心理学等分支基础学科。

普通心理学研究心理过程的发生发展和个性形成的一般规律，既包括过去人们公认的理论和规律，也包括人们不一定公认的但已经产生的学派理论和学说。它尚是一个比较年轻的学科，目前还在继续研究中，未来还将得到更大力度的研究。

2. 社会心理学

社会心理学是研究个人群体在社会中的人际交往、心理特征、行为等的学科。它着重强调人类与社会所发生的一切必然联系，比如：家庭、婚姻，它们的存在对社会的影响。

3. 发展心理学

发展心理学是一门新兴的学科，它是研究个体与时代问题的学科。发展中的个体在各个阶段中有不同的内在表现，它们的主要矛盾就是怎样获得科学合理的心理学指导。发展不是一次就能完善的，而是要依照一定的时间、一定的规律进行的，因此发展心理学分为：婴儿心理学、幼儿心理学、学龄心理学、少年心理学、老人心理学等。各阶段的心理学都是反映各年龄段的发展本质，也是对正在发展中的人们进行科学合理教育的学科。

存在心理问题的人群，往往把自己心里所存在的问题向咨询师反映。恰当处理与外界不合理的思维、情感和反映方式，并学会融入外界社会，不仅能够帮助自己解决问题、排除困扰，还能掌握自我调节的方法，从而提高生活质量，提高工作效率，成功教育子女，处理好家庭关系。

心理小贴士

人生总是充满了变数和挫折，心理学的研究不可避免的渐渐被这个社会所认知，引导人们去研究它，探索人生奥妙。心理学深入到生活中的各个方面，只有了解了自己的心理，懂得如何去把握心理活动与社会的联系，人生才会变得美妙无比。通过对自己心理的了解，找出心理矛盾的所在，从而让自己更好的适应社会生活。

　　从发展历程来看，心理学已经有几千年的历史，从有哲学那个时代起，心理学的基本问题就成为哲学所注意、所研究的内容了。心理学又是一门很年轻的科学，它是从19世纪后半叶起才从哲学中分化出来而成为独立的学科，至今不过100多年。现代交际生活中，会不同程度地接触到一些人和事物，这时，一些常见的心理效应便油然而生，它是普遍存在的一种现象和规律。由于人与人的交往等，会引起一系列的因果反应。因此，了解生活中常见的心理效应非常重要。

常见的心理效应

[心理效应]

　　列宁曾把心理学定义为：那些应当构成认识论和辩证法的知识领域。由此可见，心理学从哲学母体中分化出来而成为一门独立学科，并不意味着心理学与哲学相互割裂、彼此对立。就心理学在整个科学系统中的地位和作用来讲，心理学是一门特殊的基础科学。它同时具有自然科学和社会科学的特点，起到自然科学和社会科学的中介作用，但它更侧重于社会科学。

　　在心理学研究中，又有侧重于自然科学的分支学科和侧重于人文社会心理学的分支，二者犹如鸟之双翼、车之两轮，在整个心理学系统中具有同等的重要性。社会的发展步伐在不断加快，心理学的地位和作用也显得越来越重要。客观现实对心理学提出了新的要求：重视人的全面发展，重视人自身而非技术的因素。

　　所谓"心理效应"，也是社会生活中较为常见的心理现象和心理规律。它是个体或事物的某些行为或作用，引起其他个体或事物产生相应变化的因果反应或连锁反应，它有消极与积极的特征。因此，重视心理效应，合理的利用心理效应，对人们以后的生活、工作有极为重要的作用和意义。生活中的心理效应有许多，但归纳起来可以分为常见的以下几种：

1. 首因效应

一般情况下，它指你第一次与人交往时给人留下的印象。比如，大学生在招聘会中通过面试给所应聘公司的最初印象，这种印象在许多社交活动中也有很多。人们可以利用这种效应，给人一种很好的形象，以便为以后的交往打下良好的基础。不过这只是一种暂时的行为，更深层的交往才能将个人自身素质等进一步的体现出来。这就需要加强个人的谈吐、修养、举止等方面的训练。

2. 近因效应

这是一种恰恰与首因效应相反的效应，是指在交往中最后一次见面给人留下的印象，这个印象往往在对方印象中持续很长的时间。比如，多年不见的朋友或同学，在最后分别时，大家的印象是最深的。也许一个深深的拥抱或是一份美好的祝福，你就会在对方的心中树立一个很好的形象。

3. 光环效应

当一个人对某种喜欢的或是崇拜的人或事物有很强烈的感情时，就会对其缺点不太在乎。所谓情人眼中出西施也许就是这种效应吧。光环效应有一定的负面影响，在这种心理作用下，人们很难分辨事物的好与坏、善与恶，很容易上当受骗。因此，在交往过程中，需要人们具有一定的自我防范意识。

4. 定式效应

定式效应，就是已经形成了一定的思维意识，很难改变的思想活动。比如影视明星钟镇涛，经常在电影中出演一些反面角色，人们思想中就对他形成了一种反面的形象，这就是一种思维的定式。在日常生活中，人们要学会用逻辑思维去面对事情，用辩证的眼光看待事物的另一面。一个以前有过犯罪前科的人，要改变别人的定式思维，就要以自己最好的行动去打动大家，这样才能重新在人们心中树立一个新的、好的思维定式。

5. 投射效应

这种效应是一种认知心理偏差，它是对别人的一种怀疑和猜测。经常发生于两种情况下：一是，当别人与自己很多都相似时，人们往往有种自己比别人强的感觉，怀疑心里特别严重；二是，当自己遭遇不顺心的事情时，就会想方设法转移到别人身上，以求得心理平衡。比如甲乙都在一个公司上班，甲因为感到自己比乙工作能力强，每天都打小报告给公司上级说乙的不是。这就是明显的投射效应。

［利用心理，充实生活］

在我们的日常生活中，应用心理效应的还有很多，比如人事管理工作者若能合理的运用人事心理效应，充分利用各个人才在各方面的优势，使其能够在某一学术或是其他方面发挥自己的长处，促使资源得到合理的配置，不仅能最大限度地调动人才的积极性，做到人尽其才，还可以更大限度地提高工作效率。

一位美国著名学院的教授，他想研究一个关于"天气预报"的问题。谁料到中途出现了问题，他在计算机上用最精密的数据计算，模拟了天气的变化过程，认为可以用计算机的计算速度来提高天气预报的准确性。但是，经过多次的重复试验，却事与愿违。最后得出的结论是，他初始的数据错误导致了最后的失败。

他回到家看到妻子后，就冲妻子大骂了几句，妻子很生气，出去买菜时心里也很恼火，她在路边看见一只狗在汪汪叫，就用脚把狗踢到一边，狗被踢之后叫得更厉害。这时街上过来一位老人，狗把老人吓了一跳，正好这位老人患有心脏病，最终被这突如其来的狗吓得心脏病发作，不治身亡。

在我们生活中常会出现诸如此类的事情，一件小小的事情，就会发生一系列连锁的反应，这些反应可能会导致一些危及人们生命的后果，所以一定要合理的利用心理效应，这样，自己的心理既得到了改善，又不至于影响到他人。

另外，在生活中我们常常遇到一些所谓的"名片效应"。

曾经有一位求职的青年，应聘了几家单位都被拒之门外，感到十分沮丧，他觉得自己已经没有信心了，但生活的压力迫使他又振作起来，他抱着最后一线希望到一家公司去应聘。在此之前，他先打听了该公司老总的过去，通过了解，他发现这个公司的老总与自己有过相似的经历，于是他如获珍宝，在应聘时，就与老总畅谈自己的人生经历与工作经验。果然，他博得了老总的深切同情和赏识，最终他被聘为业务经理。这就是所谓的名片效应。

此种效应就是指当两个人的价值观以及经历等相似时，使其觉得彼此之间距离拉近了，从而缩小了彼此的心理差距，更愿意同其接近，最终结成良好的人际关系。所以，合理地使用"心理名片"，寻找到合适的时机，恰到好处地向对方出示你的"心理名片"，就可以充分发挥名片的效应，使得个人的人际交往获得很大的收获。

心理小贴士

在日常生活中，心理效应大部分都能运用到我们的现实生活中，这就要看人们怎么样去对待它。只有重视心理效应，学会用心去生活，才会让美好的心理抵制那些恶劣的心理，才会觉得生活是充满阳光的。生活中的心理学，需要我们去慢慢体会，只有抓住心理效应的特征，并善于去应用它，才会使我们的心理更充实，人生更完美！

　　世界卫生组织曾对人类的健康下了定义：健康不仅指没有疾病和虚弱，而且还应是躯体、心理和社会适应的完好状态。可见，健康是指身心健康，而并非指简单的身体健康。心理是否异常，一般需要考察很多方面：包括个人的生活史；对过去和未来心理的异常，行为有何表现；特别不可忽视的是社会背景中个体的变化。当然，心理咨询也是心理学的重中之重。

保持心理平衡，维护心理健康

[心理健康与障碍]

　　心理健康与障碍，在医学方面是指研究病人的异常心理或病态行为的医学心理学分支，即病理心理学。它研究的主要对象是异常心理或病态行为的表现形式及其发生的原因和发展规律，并集中研究探讨鉴别评定的方法及预防与矫治的措施。

　　从心理健康方面与心理障碍的心理过程症状方面，可将人体障碍分为感觉障碍、人格障碍、注意障碍、行为障碍、意识障碍、思维障碍、记忆障碍等。按临床精神疾病的表现或症状可分为神经症性障碍、精神病性障碍、性变态、心理生理障碍、适应障碍、儿童行为障碍、智力落后等。

　　心理咨询是人们通过向咨询师寻求解决各类心理问题的办法。心理咨询的对象既包括健康的人群，也包括存在着心理问题的人群。人生中面临的问题很多，有时人们不可能凭借自己的能力去解决一切事情，健康的人群往往会面对诸如家庭择业、社会适应、求学等大问题，个体在处理这类事情时，时常期待自己能做出一个理想的选择，顺利地度过人生的每一个时期，各阶段发挥到极致，这时候人们就会通过了解心理学来为自己的心理活动进行咨询，咨询师也就针对不同的问题给予最合理的帮助。

如今社会竞争激烈，我们要随时应对社会的角色转换、人际变动、知识更新等问题。在适应的过程中，难免有心理压力，要经历挫折与冲突，为了适应环境，应该为自己设立心理防御机制，如：升华机制，把自己不容易实现的欲望进行改变；幽默机制，人处于尴尬时，以发笑、开玩笑、说俏皮话等幽默方式进行自我解嘲，处理问题；压制机制，将痛苦的事情"遗忘"，以保持心境的安宁。

[心理健康的十条标准]

懂得心理学，并把它应用到生活中，你就会发现，无论是人的性格，还是人对事物的认知过程，包括人的情绪、语言、人际交往、心理疾病等都和心理学联系在一起。那么心理健康有哪些标准呢？

1. 周期节律性

无论是在形式上还是在效率上，人的心理活动都有着自己内在的节律性。人的注意力程度也是一种波动的状态，不仅是注意力，人的所有心理过程都有节律性。一般情况下，可以用心理活动的效率做作标去探查这种客观节律的变化。有的人白天工作效率不太高，但一到晚上就很有效率，有的人则相反。也就是说，若一个人的心理活动出现异常，无论是何种原因引起的，都意味着他的心理健康水平下降了。

2. 意识水平

意识与注意力有一定联系，意识水平的高低取决于注意力水平。一个人不能专注于某项工作，就不会专心思考问题，思想经常开小差或者因注意力分散，导致工作上的差错。此时，我们就要警惕他的心理健康问题了。从某种角度来讲，注意力水平的降低会影响到意识活动的有效性。一个人的思想集中程度越低，他的心理健康水平就越低，由此而造成的后果如记忆水平下降等也越严重。

3. 暗示性

如果一个人很容易受到周围环境的影响，而且还会引起情绪的波动及思维的动摇，甚至会表现出意志力薄弱，那么这就是易受暗示的表现。暗示具有情绪和思维很容易受环境变化的影响，给精神活动带来不稳定的特点。其实，每个人多少都会有受暗示的心理，只是程度差别的不同而已，一般女性较男性易受暗示。

4. 心理活动强度

心理活动强度是指人们面对或强或弱的精神刺激时的抵抗能力。当一种强烈的精神打击出现在面前时，不同人对于精神刺激的抵抗力也不同。抵抗力差的人遭遇刺激之后，容易留下后患，可能因为一次精神刺激而导致反映性精神病或癔症，而抵抗力强的人亦有反应但不致病。抵抗力和人的认识水平有莫大的关系，若一个人对外部事件有着充分理智明确的认识，自然可以相对地减弱刺激的强度。另外，人的生活经验、固有的性格特征及先天神经系统的素质也都会影响到这种抵抗能力。

5. 心理活动耐受力

在现实生活中，人会受到不同程度的精神刺激，但如果它们长期反复地出现在你的大脑里，你就需要有足够的忍耐力了。因为，这种慢性的精神刺激重者将会折磨人的一生，使人一辈子都处在痛苦之中。而且，有些人会在这种慢性精神折磨下出现心理异常，个性发生变化，甚至产生严重的躯体疾病。

当然，也有些人的心理活动耐受力比较强，他们知道如何摆脱这些心理困惑，从而不会出现任何心理障碍。这种人不会把这种精神刺激当作痛苦，反而把它当做与生活斗争的乐趣，当作一种标志自己是一个强者的象征。那么，这种对长期精神刺激的抵抗能力就是人心理健康水平的一个指标，我们就称它为心理活动耐受力。

6. 康复能力

人的一生中，谁也不可避免遭受精神创伤，在精神创伤之后，情绪的极大波动，行为的暂时改变，甚至某些躯体症状都可能出现。不同人的认知能力不同，经验不同，从一次打击中恢复过来所需要的时间也会有所不同，恢复的程度也有差别。这种经历创伤刺激，而后恢复到往常水平的能力，称为心理康复能力。康复水平高的人心理创伤恢复得较快，即使再次回忆起曾经的创伤时，他们的心态也表现得较为平静。

7. 心理自控力

心理自控力，是指对情绪、情感、思维的自觉控制能力。人类精神活动及其过程的随意性程度、自觉控制水平的高低，都与自控能力有关。对于一个身心十分健康的人，他的心理活动自然也会运行自如，情感的表达恰如其分，词令通畅、仪态大方、既不拘谨也不放肆。另外，我们观察一个人的心理健康水平时，可以把他的自控能力作为判断标准。所以说，心理的自控力强度是一个人心理健康与否的标准。

8. 自信心

所谓自信心，即指一个人对某种事件或工作的应付能力，也是对自己能力的评估，有过高和过低两种倾向。评估过高就是盲目的自信，评估过低就是盲目的自卑，这种自信心的偏差所导致的后果都是不好的。评估过高，很可能会由于实际能力不足导致失败，从而产生失落感或抑郁情绪。评估过低，则可能因害怕失败，而产生焦虑不安的情绪。自信心作为人精神健康的一个标准，只有认真分析自己的综合能力，才能让自己在生活实践中不断提高。

9. 社会交往

在生活中，我们总避免不了与人的交往，而且这也是人类的精神活动得以产生和维持的源泉。社会交往被剥夺，必然导致精神崩溃，伴随的是种种异常心理。所以说，一个人与社会中其他人的交往，也往往标志着一个人的精神健康水平。如果一个人无端的与亲友及社会断绝来往，他的性格就会变得孤僻，甚至出现精神的接触不良。另外，如果一个人过分的同社会成员交往，即使素不相识的人也可以十分热情地倾谈，并表现得十分兴奋，这就成了精神躁狂状态。所以，健康的心理需要恰当的社会交往。

10. 环境适应能力

从某种角度来讲，人为了个体保存和种族延续，就必须适应环境，那心理也是适应环境的工具之一。人不仅能够适应环境，而且拥有通过实践和认识改造环境的能力。然而，尽管人的积极主动性很强，但终究是不能脱离自己的生存环境，如生活环境、工作环境、人际环境等。因此，为了让我们的身心健康成长，就要提高自己的环境适应能力。

心理小贴士

人生不可能一帆风顺，人的主动性纵是很强，但对生存环境的突然变化仍然是无能为力。在这时，所谓消极适应也是很重要的，起码在某一时期或某一阶段内有现实意义。当生活环境条件突然变化时，一个人能否很快地适应下来以保持心理平衡，就是人们的环境适应能力，它往往标志着一个人心理活动的健康水平。因此，我们在遵循社会伦理道德及法律法规的前提下，还要对个人的基本心理需求给予恰当的满足。

以自我为中心的人，为人处世总是以自己的需要和兴趣为出发点，从不顾及他人。具体表现为：固执己见，盲目地坚持个人的意见。同以自我为中心意思相近的成语有"刚愎自用"、"我行我素"。"刚愎自用"这个成语出自《左传·宣公十二年》，原文为："晋之从政者新，未能行令。其佐先縠（hú）刚愎不仁，未肯用命。"后来"刚愎自用"这个成语，就是从原文中用来形容先縠的"刚愎"一语演变而来，用来形容其人的性格倔强，自以为是。

心理适应力

["刚愎自用" 人人皆有]

一个以自我为中心的人，同时也是一个心虚的人。这样的人，他们的内心永远隐藏着自卑，他们害怕人们轻视他，害怕人们不把他当回事，因而他们便常常表现得非常冲动，并且往往会故意制造一些让人们注意他的事端。当然，这也是我们每个人都曾经有过的心理，只是有些人善于隐藏它。

因此，当你面对这样一个人时，你不必在意他做什么、说什么。只要你不受他的干扰，完全可以做自己的事情。刚愎自用的人往往也会招来别人的反感，当他人对其言行表现得冷淡一些，或对其制造的事端不在意时，他就会因其他人的表现而感到非常的无趣。那么，其他人就不会受到这种人的纠缠及影响，也就不会再因为这样的人而感到烦恼了。

相传，在春秋鲁宣公十二年，楚国出兵攻打郑国，晋国于是派荀林父等人率军前往援助郑国。当晋军正要渡河时，却得到消息说郑国已经和楚国讲和，统帅荀林父在分析形势后，认为不能轻率地进军与楚国交战，因此打算撤兵回国。然而，大将先縠却未听从指挥，自行率领军队渡过黄河，去追击楚军。

待荀林父发觉后，已无法阻止冲动的先縠，只好下令全军前进。楚王原本打算退兵，令尹孙叔敖也赞同，计划命令军队继续南撤回国。这个时候，楚军大夫伍参却力劝楚王出兵与晋军交战，他认为晋军的荀林父新任统帅，威信不高；而将军先縠又固执刚愎，不听指挥；其余将领也都意见不一，使得部下无所适从，此时若是出战，必定胜利。楚王听了伍参的话，下令停止撤退，回师北进，迎击晋军。晋军大败。

[保持主动心态，迎接外界变化]

根据调查，在北京、上海等大城市，具有本科以上学历、5年以上工作经验的职员，年薪一般在10万元以上。事实上，他们不是资本所有者，而只是在某个营利性机构中担任一定的高级管理职务。这群人就是人们常说的"高级打工仔"，他们衣食无忧，通过按揭的方式都能拥有自己的住房和私家车。他们认为，只要足够小心并尽心尽责，保住饭碗、养家糊口基本上没有问题。

然而在他们看来，自己承受着很大的压力，甚至超出了自己的心理承受力。当面临感情、经济、婚姻家庭、就业、学习及职业发展等诸多问题时，他们往往忘记了给予这些事件一事多解的机会。在遇到来自多方面压力的时候，人们应把多角度解决问题的思维方式迁移到社会实际问题的解决中去。换句话说，即我们以主动适应的心态来引导事物的变化，并不断地改变自己，才能更好地适应新事物和新环境。

在现实生活中，尤其是一些年轻人，由于涉世不深，自以为从书本上或从一件小事上得到了一点肤浅的常识，就看破了这个世界。可是，当他们自以为是地步入社会以后，才知道不是原来想的那么一回事，别人也不买他的账。现在越来越多的人缺乏主动适应性，即对事物的变化发展有积极影响的行动。所以，对于大多数人来说，更多的是被动地响应外界变化。当变化来临时一旦过不了关，就只得被动受挫，长期积累就会导致心理脆弱。所以，一定要用主动的心态，迎接外界变化。

一些自以为是的人遇事会有自卑感，怕自己做不好事，大部分情况下他们往往选择放弃。对于那些自命不凡的人，往往会产生自卑的或逆反心理，不能从一题多解的思路去解决，也听不进不同的意见，总要自己去"尝试"才肯相信。如果一直这样走下去，结局将是可悲的，等醒悟了，已经时过境迁，连回头的机会都没有了。等一切机会都错过了之后，后悔也来不及了。

当你了解了这种情况之后，就应事先做好准备，锻炼自己的快速适应能力。如果你的适应能力很差，那你对世界的变化及生活的摩擦会很不习惯，但只要意识到了，还是有希望改善的。保持主动心态，练习应时而变的快速反应能力，不要将自己拘禁在惯有的固定模式中。只要以主动的心态面对生活，你就可以信心百倍的生活和工作了。

心理小贴士

当一个人以自我为中心时，他的心理往往表现极端。只有你心理适应性强的时候，生活中才会"游刃有余"，各种压力也将化于无形。如果我们把自己置身于宽广的环境中，你的心情就会感觉到很愉快。这种精神品质有利于你的心理平衡与健康，帮助你成为生命力强的人。当心理适应性处于中等状态的时候，事物的变化及刺激就不会使你失魂落魄。一般情况下，你能对眼前的问题作出适度反应，若事件比较重大或较为重要，你的适应期则要拖得更长。

导致失眠的原因有很多，如心理、疾病、环境等多种因素，其中最常见、最有影响的是精神心理因素，75%～100%的慢性失眠者往往同时伴有心理障碍。因此治疗失眠，最重要的是从心理学角度解决问题。人生的成功与失败、快乐与忧愁、幸福与痛苦，都是由我们的心态所决定的。在痛苦、失败、忧愁的面前，及时调整自己的心态，控制好自己的情绪，理智做事，这样我们才能点燃希望之火，才能拥有幸福、成功与快乐。

学会自我调整心理状态

[造成失眠的心理因素]

1. 越怕失眠越失眠

很多人到了中年以后，由于工作压力比较大，失眠好像成了家常便饭。整天害怕自己睡不着，越这样想就越睡不着。这是现在大多数人都有的"失眠期待性焦虑"，通常表现为晚上一上床，就担心睡不着，逼迫自己尽快入睡，结果却适得其反。越怕失眠脑细胞就越兴奋，就越难入睡。保持良好的睡眠习惯，不要担心任何有关失眠的问题，心静后，自然而然地就能进入梦乡了。

2. 多梦不是失眠

可能大多数人都存在这样的疑问：天天晚上做梦，白天头总是晕沉沉的，多梦是不是也是失眠？其实，正是这种错误的观念使人产生焦虑、担心。担心入睡后会再做梦的警戒心理，往往使得人睡得很浅，影响睡眠质量。其实，做梦不仅是一种正常的心理现象，而且是大脑的一种工作方式，有助于记忆有用信息、过滤无用信息，保证大脑正常的效能。梦本身不具有伤害性，但是"认为梦有害"的心理却导致了失眠，从而让自己产生了更重的心理负担。

3. 自责心理易致失眠

上班的过程中不可避免地受到领导批评，严重者因工作失误使得公司蒙受经济损失，有的人晚上就会因心存自责而难以入眠。这些人往往会为一次的过失而内疚自责，并且大脑里常习惯性地重复这件事，并懊悔当初自己没有如何如何办。

失眠可能一直持续到夜深人静的时候，懊悔之情更重，大脑细胞持续兴奋，当然难以入眠，导致失眠更加严重。有类似症状的人应该意识到，事情既然已经过去，就要从失败中吸取教训，毕竟再多的懊悔也于事无补，只要调节好得失心境，睡眠自然也就会好起来。

4. 手足无措心理

有些人遇到突发事件后，经常表现出手足无措、慌张无绪的样子，甚至梦中也会思考怎么做，当然就会导致睡不好。有这样一类人，即使晚上睡觉也还是瞻前顾后，左思右想，始终处于进退两难焦虑无助的状态。出现这样的情况时，就应该努力平静心态，仔细理清头绪，最好在睡觉之前不要过分考虑事情。

［放平心态，安定生活］

提到失眠，可能大部分人都会把它和安眠药联系在一起，因为大部分人常靠吃安眠药睡觉。实际上，安眠药不能长期食用，否则人体会对其产生依赖性、抗药性，剂量不断增加更有副作用。安眠药就是另一种"麻醉剂"，只能起到暂时缓解的作用，不能彻底治疗失眠。心理疗法治疗失眠，方法简单易学，不需使用任何药物和设备，效果可靠稳定，不易复发，无任何副作用。采用心理疗法，不但可以避免药物引起的睡眠异常，而且还可以让你拥有一份好的心境。

有一个青年，他扬帆出海要到另一个地方去，但不幸的是，在船快要到达终点时，海上风云突变，船无法承受这么强大的风暴，在巨大的风浪中沉了下去，不过他还算幸运，被风浪冲到了一个荒岛上。以后的每一天，他都翘首以待，希望有船来将他救走。遗憾的是他每天晚上都在失眠中度过，所以他不再对此抱有希望。为了活下去，他不得不砍来一些树木，简单地给自己搭建了一个躲避风雨的"家"。

然而，有一天当他外出寻找食物时，忘记了熄灭家中的火，在他走后，一场大火顷刻间把他的"家"化为了灰烬。等他回来时，看到的只是滚滚浓烟消散在空中，为此他悲痛交加，异常绝望，他觉得命运对自己实在是太不公平了，自己再也没法活下去了。第二天清晨，当他还沉浸在痛苦绝望中时，风浪拍打船体的声音惊醒了他——一只大船正向他驶来，希望总算到来了。

这对他来说的确是一个意外，他获救了。上船后他疑惑地问："这么长时间了都没有人发现我，你们是怎么知道我在这里的？"搭救者说："我们看见了燃放的烟火，料想这里一定有人被困，就顺着烟火把船开了过来。"青年听后，简直不敢相信，竟是那场大火救了他。

虽然故事中的年轻人总是面临困境，但如果他总是消极，总是抱怨，那么他的一生也许就要在荒岛上度过了。其实想一想，人世间的许多事情不也是同样的意想不到和诡秘吗？恐怕他自己也没有想到，一场灾难居然招来了幸运之神。所以，做人要豁达乐观一些，虽然我们无法预测命运好坏，但我们可以安排自己的乐观情绪、改变自己的心理！

其实，在生活中与其悲观看福不如乐观看祸。很多人在灾难面前，像患了近视似的只看到祸害中的悲惨，无法从另一个侧面看到悲惨背后的万幸。然而，凡事有利必有弊，关键在于是利大于弊还是弊大于利。此则故事，教会我们做事情需要冷静地去准备，积极地去应对。所以，我们要有颗平常心，不要盲目地积极或消极，否则就会走向各自的极端，使心理蒙受阴影。

所以，当我们在床上翻来覆去难以入眠时，就可以试着放松精神，排除一切杂念，把所有的感觉集中在放松身体的过程上，就会享受到平静而舒适的滋味。当然，这一过程做得越细致越好，达到放松的目的并不受时间的限制，关键是要体会到放松的感觉。

心理小贴士

　　治疗失眠可以采用心理暗示法，在放松肌肉时，默念某些话如"我累了，浑身都没有力气，需要休息"，"紧张消除了"，"松……松……松……"，"完全松弛了"等，有助于放松。尝试一下松弛疗法，其法妙不可言，你将不会再因入睡困难而烦恼。患者需坚持1~3个月，以便用心理疗法完全取代药物治疗，最终达到治愈失眠的目的。

大多数时候，我们会为某些遭遇感到烦恼和困扰，然而烦恼和困扰的也许并不是遭遇本身，而是我们心目中不良的心理反映。学习心理学，让我们对自己的情绪、感情、心理过程等等有了更深入的认识。我们可以从自身反省，可以更好地控制自己的情绪，我们也可以用来帮助别人，改变自己和他人的不良习惯。那么，想改变一个人的不良习惯，对他的不良习惯进行奖励，是一种很好的心理促进法。

奖励是很好的心理促进法

［改变不良习惯，就要用奖励心理法］

在一个幽静的小山村里，生活着一位充满智慧的老者。老者很喜欢恬静的独处，但不知何时起，他家门前的空地上开始喧闹起来。在空地中央有一块向日葵地，孩子们都喜欢拿向日葵玩耍，自然那里就变成了孩子们的游乐场。正是为了这件事，老者发过火，撵过孩子们，但每每只能得来一时的清净，孩子们仍然是聚众嬉闹。这位老者可谓是想尽了办法，他左思右想终于想出了一个好主意。

老者把玩耍的孩子们招呼过来，并给他们提了一个建议："看到你们玩儿得这么开心，我也很高兴，以后你们每来玩儿一次，我都给你们每个人发一块钱。"孩子们发现原本凶巴巴的爷爷突然变得和蔼，都很奇怪，但是为了能每天都得到那一块钱，他们还是高兴地去空地上玩。

孩子们的这种生活没有持续几天，这位老者又向在院子里撒了欢玩耍的孩子们说了这样一句话："孩子们，我手头的钱不多了，以后每天只能给每个人发五毛钱。"这样一来，孩子们都一脸不高兴地说："太不像话了，我们为你劳动就只值五毛钱吗？我们才不会为那点儿钱来这里玩儿呢！"果然，孩子们不再到空地来玩了，老者也达到了自己的目的。从此以后，老者又可以悠然自得的享受生活了。

为什么与早先相比，多了五毛钱之后，孩子们倒不来了？这个问题可以用"内在动机"和"外在动机"来解释。"内在动机"是指由活动本身来给人满足感和乐趣，从而促使人们从内心产生自觉的驱动力，驱使人做出相应的行动。"外在动机"是指由于外在的表扬或奖励等促使人做出被动的行动。起初，孩子们自由地在空地上玩耍，是出于活动本身的趣味性，后来老者用"发钱"这一奖励措施，把原本有趣的内在动机转化成了玩耍才能得到"奖励"的外在动机。最后，当"奖励"这一外在动机明显减少，孩子们对空地的兴趣也就自然减退了。

这种效应由莱特实验得到证实，他以幼儿园儿童为对象做画图实验。莱特把孩子们分为甲、乙两个小组，事先告诉甲组的孩子们画图有奖励，而对乙组的孩子们则只让他们画图却并未给予任何奖励。画完后，两个小组的孩子们都得到了奖品。一周后，得出结果：甲组孩子们的画图次数逐渐降低，而乙组孩子们却比从前更热衷于画图。

那么，甲组的孩子们为什么对画图失去兴趣了呢？这是因为画图的"乐趣"转变成了"有报酬的活动"。所以，不要奖励孩子喜欢做的事，而要奖励你想改变的孩子的不良习惯。采取一种转换动机的措施就能调整孩子的行为。并不是只有给予"惩罚"的方法才能改正孩子的不良习惯！

[健康人生，从改变不良习惯开始]

现在生活、工作、学习的压力都在增加，如果我们处理不当，则可能一生都生活在压力之下。尤其是一些在校的学生，他们因成绩不好会产生自卑心理和偏激的行为习惯。因为自卑，形成了一个恶性循环：不想去学习，不想做作业，上课不听讲，因此成绩不好。然而，这些孩子又非常好强，就会思考在消极的方面超过别人，因而在行为习惯上也就表现得更差。所以，要想有健康的未来，就要从改变不良习惯开始。

　　我们可以采用激励的强化训练方式对有坏习惯的人加以矫正，还要注意提高他们的认知水平，调动其情感因素，以巩固辅导效果。在对孩子的整个辅导过程中，应特别重视培养其自信心、自尊心、责任感和成就感。首先要做的是矫正他们不正常的想法，可以通过交流、谈心的方式，让他们在关爱关注中敞开自己闭锁的心扉，让他们了解自己、接纳自己并鼓励他们改进自己。

　　其次，奖励可以配合其他教育手段。在工作中，我们通过表扬和奖励来激发孩子的自信与自尊。如：当他们在运动会上表现出顽强拼搏的精神时，我们就号召其他人向他们学习；当他们帮其他人扫垃圾，主动帮师长做事时，我们可以在众人面前表扬他们。

　　最后，奖励法切不可急功近利。让孩子改掉这些坏毛病，要一步一步地来，并且在实施过程中要不断表扬他们所取得的进步，并不时的给他们指出错误，提出新的要求。可以制定一个可行的计划，如果一切依计划进行，那么将会取得事半功倍的效果。当然，还要配合学校老师和家长，只有二者达成共识才能更好地改变孩子的不良习惯。

心理小贴士

　　所谓"内在动机"和"外在动机"，二者之间也有一定的联系。内在动机注重因兴趣而产生的主动的强烈动机，外在动机则强调以制定有回报的行动为目标而产生的被动的微弱动机。如果奖励由内在动机引发的行动，那么原本积极的内在动机就可能转变为外在动机。因此，当我们想改变自己或他人的不良习惯时，我们不妨试下鼓励的方法，说不定会起到很好的效果。

情绪好，就不容易疲劳。调整好自己的心态，快乐会永远在你身边，看你如何去把握了。想快乐就必须做出牺牲，也许人们在竭力寻找快乐，牺牲了一些本来就已经养成的习惯，或是某种特别钟爱的信仰。尽管这些东西曾经对你很重要，但是为了自己的快乐，扔掉它们，也许你会过得更坦然、更幸福。因为，良好的情绪，是轻松生活的重要元素之一。

把握心理因素

[控制心理，美好生活]

无论何时何地，我们身上都具有某种能力和力量。要想使自己幸福和成功，就必须想办法去控制自己的心理状态。一个人的心理状态是由自己掌控的，为什么说一个表现一流的专业推销员会把推销工作做得很好呢？因为他知道客户讨厌什么、平时最关注的是什么，并能对此做出一个令人很满意的答案。这就是心理控制术的方法所在。

心理控制术不是水晶球的魔幻之术，更不是摇摆针的催眠意识。它并非一定意义上的自我意象的改变，而是抓住自己过去和现在存在的缺点，运用长期的自我调节去改变个人身上的那些不足。我们要努力地改变自己，及时地调控自己的心理，掌握一些最基本的控制方法。这不仅对个人心理的改善是有很大的帮助，而且还可以更好地改变人生。

巧妙地控制自己的心理，对走向人生成功之路很有必要。《圣经》中告诫人们：不要把新的布料补到旧的衣服上，或是用旧的、肮脏的装汽水的瓶子去装新配制的酒。如果用积极向上的心理作为补丁去补到人们陈旧的心理衣服上，最后也不会得到很好的效果。因此，要巧妙的控制自己的心理，才能很容易地把一件事情办好。

　　巧妙地运用心理控制术，将那些已经解决的事情封存起来，把需要解决的事情先放下来，这样压力就会变得渺小得多。那么，那些不必要的苦思冥想也会烟消云散的。控制自己的心理需要一定的方法，不要总是对别人的举动妄加指责，否则，不仅给自己造成了很大的压力，而且还会严重影响你的社会交际关系。

[情绪良好，轻松一天]

　　清晨是新的一天的开始，那么，良好的情绪是轻松一天的开始。在心理学上，良好的情绪是多方面的，我们通常指的是积极向上的心理。积极的心理是指人们把使自己低落的关注点转向关注人类的优秀品质和积极力量上。幸福的人不一定在经济上很富有，一个穷人，他也可以是快乐的。积极乐观的人不一定有很多财富，但他们的生活一定是轻松愉快的！

　　心理学专家曾经特意调查了一些中过巨额彩票的人，如果这些人的性格中存有抑郁的情绪，那么，中奖后他只会快乐6个月左右，6个月以后他们就会重新陷入抑郁之中，又一次变得不快乐。由此可见，金钱只能使一个原本不快乐的人在短时间内获得快乐与幸福。所以，从人一生的角度看，金钱使人快乐的感觉是很短暂的。

　　据相关研究调查表明，拥有积极情绪的人比一般人更能忍受痛苦的折磨。将手伸进0℃冰水中的实验发现：普通人的手，最多只能忍受60～90秒；在积极情绪测量中最出色的人，得分最高的人，或者一个具有积极情绪的人，能忍受的时间往往会更长。由此可见，心理状态好的人会比消极抑郁的人更具有忍耐力。不但在这些方面，在其他方面也是如此，例如，快乐的人比别人更喜欢与人交朋友，独处会让他们感觉不快乐；他们愿意主动接触陌生人，与人为善，愿意帮助他人，更具有利他主义精神；他们更关心周围的人，并且而很少计较自己的得失。

世界上70%的人都是悲观的，他们总是认为别人比自己乐观。心理学家表明，乐观的人寿命更长，他们曾经特意测试了80个心脏病病人，27个被测试为悲观的病人中，有18个人没有经受住第二次心脏病发作而去世了。然而，19个被测试为乐观的人中，只有一个在第二次心脏病的发作中死亡。由此可见，乐观是抵抗疾病的第一道也是最强悍的防线。

积极心理学从传统心理学的角度出发，主要研究人们在生命中最不幸的事件，从而改变到研究生命中最幸福、快乐的事件。从主观体验上看，积极心理学关注人的积极的主观体验，主要探讨人类的幸福感、满足感、快乐感，从而构建未来可行的乐观主义态度和对生活的忠诚度。

对于个人成长来讲，积极的心理学主要提供积极的心理特征，如爱的能力，工作的能力等。积极地看待事物，才能创造和拓展勇气，积极的人际关系，才会让你对自己的人际有新的审美体验。积极的心理素质还包括人的社会性。一个人的美德，就是诚实守信，博爱，利他行为，对待别人的宽容，接纳和职业道德，社会责任感等。

在日常生活中，我们只有保持积极乐观的心态，才能拥有良好的情绪，才能轻松自在的度过每一天。心理学研究表明，社会上多数乐观的人在工作成绩和社会地位等各方面均强于悲观的人。积极乐观的心态是可以培养的，消极悲观的人也可以通过专业心理训练转化成为积极而乐观的人。

心理小贴士

爱因斯坦之所以能创造那么伟大的科学成就，就是因为他具有超强的心理素质，这些都源于他平时爱想象的习惯。一个人只有把握好自己的心理因素，才会朝着一个方向去努力，这样他也就会有机会凌驾自己的知识，把自己的经验等总结归纳起来。一个人生活在这个世界上，不可避免会遇到种种压力。压力已经成了当下的流行词汇之一，人们已经将担忧、焦虑、失眠作为人生中不可缺少的一个组成部分，并且加以接受，这就是一个人心理承受能力的力量！

放下心理包袱，就是对我们肩负重担的一种释放，是我们在生活中应该常记在心的一句话。事实上，我们所处的生存空间正在被无限地压缩。20世纪70年代的时候，欧美一些未来学家曾经预言：“当人类跨入21世纪时，每周的工作时间将压缩到36小时，人们将会有更多的时间提升自我，休闲娱乐。”那么，在这么多的休闲时间内，若我们再背负着那些心理包袱去工作和生活，那么我们何以成功，何以拥有高质量的生活？

释放心理压力

[放下心理包袱乃成功的关键]

如果一个人本身就有很强的实力，再加上超强的心理素质，这无疑是最完美的身心组合。具备良好心理素质的人，能在同等竞争条件下比对手获得更多的机会。美国一位专家曾经对85位事业有成的企业名流进行过调查研究，归纳出他们具备共同的“超强心理特征”。超强的心理素质即指宠辱不惊、物我两忘；不喜形于色，极少在人前抱怨、发牢骚。那些勇于放下心理包袱的人，总能凭坚韧不拔的意志摆脱困境，直至最后的胜利。

罗•克拉克，是20世纪60年代澳大利亚著名的长跑选手，曾19次打破男子5000米和10000米的世界纪录。然而，出乎人们意料的是，他却在两届奥运会上遭遇滑铁卢，仅获得一枚铜牌，克拉克也因此被戏称为“伟大的失败者”。不仅是克拉克，历届奥运会中，1/3以上公认的实力最强者并未登上冠军领奖台，这成了体育界有名的“克拉克现象”。“克拉克现象”实质上是一种心理失败的表现。

又如，一位曾成功从火海中逃生的老人，人们对他的生还十分好奇。当时，一家剧院突发火灾，惊慌失措的人们争先恐后朝出口处的两扇大门挤去，结果门被人流封死了，许多身强力壮的小伙都未能逃出来。而这位老人见势，便知从大门逃生无望，干脆静下心来，仔细观察火势的位置及走向，随即作出一个大胆的决定：迎着火海绕过去！果然，他在火场的背面发现了一个小缺口（也是他生命的出口）。这位老人并不具备超强的体力，但凭着丰富的经验及过人的心理素质，最终赢得了命运之神的垂青。

所以，只有做到"不以物喜，不以己悲"，才能以轻松的心态面对每一天的生活。这不仅是古人的警戒，也提醒了我们具备良好心理素质的必要性。如今在升学、就业、竞争等多重压力的排挤下，成功心理学倡导的是"轻装上阵"，就是设法让当事人临阵之前进行心理减压，放下思想包袱。我们要知道：实力的"灵魂"总是在"减"的过程中展现；成功的奇迹往往在"放"的不经意间发生。

[挑战一些不可能的事情]

美国哲学家詹姆斯曾说过："人应该每一两天做一些你不想做的事，这是人生进步的基础和上进的阶梯。"有句话说"容易走的都是下坡路。"用辩证法的观点来看，量变积累到一定程度就会发生质变。所以，我们不能奢望自己的进步能够立竿见影，只要每天进步一点点就行了。每天都挑战一些不可能的事情，就是"逼"自己提升心理素质的办法之一。

进入21世纪，大部分人的工作时间在无限延伸，然而有不少人被市场无情地淘汰了，为什么？就是因为他们不具备超强的心理素质。对于有意识增强自我心理素质的人们来说，他们会勇于做一些挑战性的事情，这样的话，自然而然也就提升了心理素质与适应能力。在这样的社会中，如果你不能放下心理包袱，勇于挑战一些超越自我极限的事情，那么你就有可能被社会淘汰。

三年来，有一位在某大型通讯企业中担任销售经理的人才，一直忙于日常事务，在"干杯"声中翻过了日历。然而，这三年的每一天中他总是顶着许多的心理压力，并且一直为这些压力所困扰，自然，工作效益也不会有所进展，这些压力反而给工作带来了极大的负面影响。如今，他的下属学历和能力都比他高出一筹，并且在数年的商海中积累了很多经验，销售业绩惊人，于是，公司就迅速淘汰了他，最后留给他的是岁月的蹉跎与时光的惋惜。

这就是现代的职场进化论，由此可见，如果一个人不肯放下心理包袱，并且整日被困惑所缠绕，那么，他的位置终究有一天会被别人所取代。

人类有着普遍的渴求，被爱、被承认、被关注、被认同、被肯定、被理解，这些渴求被满足了，人就会处于积极向上的状态，幸福的感受才会更强一些。如果这些渴求不被满足，就会影响到我们对幸福的感受。

一个人生活在什么样的环境下并不重要，重要的是能否保持一种良好的心态，并以足够的信心和勇气去处理一切，心平气和地面对一切，在社会中体现出自身的价值。心理犹如一把弦，弦松了紧了都要调，只有不失时机地加以调整，弦音才会恢复纯正。当我们的心理调整到最佳状态时，我们才能在社会中左右逢源，这样许多棘手的问题也便迎刃而解了。

心理学讲究的是一种"悟"性，改变一种想法就可以改变一种行为，学习心理学可以改变原来不成熟、片面的人生观，可以控制自己的情绪，可以使将来的行为变得更理智，生活更加快乐幸福！通过不断地调整心理，产生良好、合理的情绪，才能让我们与成功更加接近。人非圣贤，我们唯有正视现实生活中的一切，勇于放下那些负累身心的包袱，才能轻松走人生路！

心理小贴士

俗话说："金无足赤，人无完人"。换言之，人正因为有缺陷，才不能做到完美。烦恼随处可见，人们为了掩饰自己的不足，不得不做出很多力不能及的事情，为此，人们得到了很多烦恼。但是，我们应该明白："企者不立"，踮着脚尖走路是走不远的，久而久之，灰心、失望、自卑等不良情绪就会来光顾你。因此，我们只有放弃那些心理包袱，才不会痛苦万分，只有调整好自己的心态，才能走健康人生路。

收获与付出本是一对反义词，但二者却有一定的联系。没有付出就没有收获，如果一个人想得到的更多，则意味着需要付出的更多。然而，我们的心理总会在这两者之间波动不安。俗话说："付出才有收获"，而收获的多少还是在于自身，所以不要给自己找客观原因，要学会勇敢地面对现实。当然，出错也是人生之常事，但千万要记住：只有付出才能收获，没有不劳而获的美差事。这也是常人所应具备的心理素养！

提升心理素养

[先学会付出，才可能有收获]

时光匆匆而过，世间许多美好的东西不是我们双手都能把握得住的。也许，当我们回想往事的时候，心中多少会有一些感慨，总会衡量一下付出与收获的比重。其实，没有付出就难得收获。正因花木兰敢于替父从军，才收获了满城凯旋；正因勾践肯于卧薪尝胆，才收获了十年后的胜利；正因孙膑肯于付出双膝，才收获了大败魏军的胜利果实；正因革命先辈们洒尽热血，才换来了新中国的成立……那么，当你今天想得到收获时，你是否会反思自己昨天付出了什么？

对于这样的问题，你或许会付诸以笑，或许继而深沉。有些人为学业曾孜孜不倦，但还是无功而返；有些人潜心研究而付出了半生的心血，结果却无疾而终……总之，不论是生命的挫折、坎坷曾给你带来多少的不幸，还是你曾为了自己的理想付出了多少心血，你都应该明白一个道理：付出是收获的前提，没有付出就谈不上收获。如果你付出了，结果就显得不那么重要了，过程不也是一种收获吗？

付出不一定会有收获，但不付出是绝对没有收获的。这就好比播种，你没有播种，怎能在收获的季节看到丰硕的果实呢？如果你想收获更多的果实，就意味着你要播撒更多的种子。人生又何尝不是如此呢？当你知道了付出与收获的关系，也就不会那么期待付出后的成果如何了，况且那似乎已不再是你关心的问题了，毕竟旅途的风景也是一种收获。所以，只有先付出了，才可能有收获。换言之，只要自己曾经尽力地付出过，又何必看重收获的多与少呢？由此可见，这正是体现人们衡量付出与得到的心理差异。

［ 若想收获更多，则需付出更多 ］

常言道："一分耕耘，一分收获。"是啊！付出就一定会有收获，哪怕仅仅是收获幸福的感觉。然而在现实生活中，付出与收获很多时候是不成正比的。人们之间存在着太多的不同，正因为人与人之间有区别、有差距，社会才有了美与丑，才有了正义和邪恶，才有了那么深的隔膜。我们为了得到更多，可能付出了太多太多，也许你会担心自己的付出会被别人嘲笑，其实，从内心深处而言，无论什么样的付出，都是一种幸福的体现。

当然，有时自己的一腔热血换来的却是付诸东流，从心理上来讲，的确让人心痛不已，也难免让人有些失望。这时候，我们应该从心理上痛定思痛，也许是我们付出得不够多，也许是付出的方式不对，也许我们根本就不懂得如何去付出。只有在心理上找到一个平衡点，才能使我们心平气和地做好一切事情。

其实，付出本身就是一种快乐，伸出一双温暖的手，幸福的人就多了；奉献一颗真诚的心，孤独的人就少了。前人种树，后人纳凉，付出不一定要有所收获。

想必大家都知道"腊八粥"，但却不知道它的来历。据说在一户勤劳的家庭中，一对夫妻勤勤恳恳，创造了属于他们自己的财富。他们一天到晚的劳作着，过了几年，家也就富裕起来。但是，这夫妇俩却十分溺爱自己的儿子，孩子基本上是衣来伸手、饭来张口，父母过度的关心，促使他养成了懒惰贪吃的坏习惯。

不幸的是，老两口去世后，儿子和儿媳便成天吃喝玩乐。饿了吃父母留下的粮食，冷了穿父母留下的衣服，过着神仙一般的快活日子。但是，许久之后，也就是腊八这天，他们只剩下一碗粥，他们喝完这一碗粥之后，没过两天，俩人就被活活地饿死、冻死了。

由此可见，在生活中，懒惰的心理不能有，这个故事告诉我们：付出或许没有收获，但不付出就更没有收获，因此，只要肯于付出，就不会没有饭吃，没有衣穿，"腊八粥"故事中懒夫妇的下场也就是不劳而获者心理的下场。

其实，在每个人的心中，都有着一架衡量得失的天平，它是劳动者唯一的法门，只有付出了血和汗，我们才能得到心理上的洗礼。所以，每个人的心理天平不能失去平衡。在现实生活中，不劳而获的事情不过是一种偶然，不付出便想得到收获是永远都不可能实现的事情。

心理小贴士

不劳而获与劳而不获是一个鲜明的对比。当今的社会是一个讲究真才识学的年代，如果你成天瘫坐着，不工作，不学习，只享受，想着钱财会从天而降，绝对只是你的黄粱美梦。如果所有人都希望过充实的生活，就必须认真工作，充分利用我们的大脑和双手。人生本就是付出与收获的结合，只有付出智慧和汗水才能收获美好的人生。

学点谋略心理，
做人更成功

—————●—————

②

　　不管你从事哪种职业，没有谋略的心理，做人是不成功的。做人如果没有"心理想法"，就会四处碰壁，孤立无援；做事不懂"心理规律"，就会稀里糊涂，深陷绝境。成功要有智慧，治国要有方略，打仗要有计谋，下棋要有路数，做人想要左右逢源，最需要"心理应变"。

在生活中，我们会发现有的人面对不同的人，能够用不同的交往手段轻松自如地与之交往，而有的人却不会这样。这是因为前者懂得察言观色的技巧，知道如何观察形势，知道怎样才能"投其所好"，所以，他们在社交方面总是如鱼得水，左右逢源。这其实是做人的心理。察言观色可以让你更加自由的处事与做人。

观察形势，投其所好

察言观色，其实就是要求人们通过观察对方的言行和脸色而猜透对方的心理，并且明白对方的一个眼神代表着什么样的心理，对方的一个动作意味着将要做什么，对方的一个细微的脸部变化暗示其发生了怎样的心理变化。察言观色是一切人际交往的基本技术，也是最基本的心理应对技巧。不会察言观色，你便不懂得怎样把握自己的人生舵柄，你的人生也将预示着走荆棘之路。

[学会察言观色]

察言观色的字面意思就是观察别人的言语脸色来揣摩对方的心意。这是为人处世的必备手段和方法，也是一个人重要的心理素质和心理应变能力的体现。比如说，听了别人讲过的一段话，你可以猜测出别人为什么这么说，这么说到底有什么意思……在思考这一系列问题的同时，也是一个自我心理思考的过程。

学会察言观色，就是要学会怎样看透他人的思维，看透他人的心理。察言观色的基础是一个人的直觉。一个人的直觉虽然敏感，但却容易受到外界的蒙蔽，从而干扰自己的内心对一件事情或者一个人所做出的客观评价。

一个人的言辞可以透露出这个人的品格和习性，一个人的眼神可以展现这个人内心的心理活动，甚至一个人的衣着、坐姿及手势都可以在一定的情况下告诉人们，其人此刻内心正在进行怎样的心理活动。出色的心理学家能够看到他人内心的思维转变，能够猜测到对方下一个念头想到的是什么，这就是心理学中的"读心术"。

察言观色其实是"读心术"的一种应用。一个人如果不会察言观色，那么他就不会明白他人话语的弦外之音，也就不会猜测他人这么说到底有什么企图。如果学会了察言观色，你就可以找到他人产生这种想法的根源，找到你应对他人的技巧。

如果将"观色"比喻为查看天气，那么看一个人的脸色就好比"看云识天气"，这其中有着深奥的心理学知识。但是，并不是所有的人都会把自己的内心活动展现在脸上，而是用心理战术法来极力遮掩自己的内心想法，他们所表现出来的往往是"脸上笑容，心里泪水"。外表看来这些人很开心，其实他们的内心却是十分痛苦。

学会察言观色，就是要求我们灵活地适应不同的场合。当一个人同你谈话时，你的眼睛并不应该"四处飘动"，因为你要想了解到对方的内心想法，你必须从对方的眼神或者面部表情上洞察其人的心理变化。

如果有人跟你谈话时，眼睛总是往其他地方看，同时说话也显得心不在焉，这就表明你的来访打断了对方正在做的事情，因为，此刻对方的内心还在惦记着那件事情，虽然他在同你谈话，但他的心并不在你们谈话的内容上。所以，你就应该学会明智地应对这种场合，停止自己的话语，并对对方说："您最近一定很忙，那我就不打扰了，过一段时间我再来拜访。"

此时当你起身告辞时，对方定会将自己的注意力集中到你的身上，并且将全部的心思放在送客上。虽然你走了，也并没有达到自己的目的，但对方会对你的做法感到感激，下次谈话的时候他定会非常的配合，因为你懂得"察言观色"，懂得别人的内心活动。

曾有一个人不懂得察言观色。这个人经过多次的科考，最后终于谋得一个山东县令的职位。当他去拜见自己的上司时，却不知该说些什么。

互相沉默了一段时间，此人忽然问道："敢问大人贵姓？"上司很吃惊，但还是回答了。这个县令思考了一会儿，对上司说："大人的这个姓氏在百家姓中可是没有哇！"上司很惊异，说："我是旗人，汉人的姓氏里自然没有这个姓氏。"县令便立刻站了起来，问道："大人您是哪一旗的？"上司答道："我是正红旗人。"县令借口说道："正黄旗才是最好的，大人您怎么不是正黄旗的人呢？"

上司很生气，问道："贵县您是哪的人？"该县令答道："卑职是广西人。"上司说道："广东最好了，贵县怎么不是广东人？"县令大为惊讶，此刻才发现上司已经满脸怒气，于是赶紧出去了。

这个人就不会察言观色，不懂得人与人沟通的心理战术。

[改变自我，重塑自我]

察言观色不是一种嘴皮子上的功夫，它需要练习和熟悉。一个人若想学会察言观色，就应该改变自我，塑造新的自我。但怎么做才算是改变自我，才能学会察言观色呢？

首先，改变自我就要学会捕捉他人的"弦外之音"。捕捉他人的弦外之音就是要明白他人说话的深层意义，有些话不仅仅是简单的字面意思，如果心思细腻，你定会听出他人的弦外之音，从而避免自己做错事，避免自己遭受意外的伤害和损失。

要学会捕捉他人的弦外之音，你要改变原本不懂得思考的自己。在与人谈话时，一定要转动大脑，理解别人所说的话的真正含义。有时候一个人内心的思想总会在不知不觉中表露出来，因此在与人交谈时，要多留心，从谈话中探知他人的内心世界。

其次，要改变自己以往的性格和脾气。察言观色需要一个稳定的心理环境，如果你的情绪时刻处于一种激动的状态，那么你是不会有心思去思考他人的心理活动的，因为此刻你无法控制住自己的思维活动和心理活动。

当你想发脾气的时候，你要想想这么做的坏处，然后再找到自己产生这种情绪的根源，搞清楚自己当时的心理活动，防止以后频繁地发脾气。如果你是一个性格很执拗的人，你也应该改一改。因为执拗的性格会让你陷入自我当中，不会顾及他人的感受，更不会有心思去思考他人的心理活动了。

最后，要学会见什么人说什么话。比如你同一个喜欢音乐的人一起喝咖啡，你就不应该跟他讨论经济学的知识，那样只会让别人对你产生厌烦的情绪。

如果你对自己眼前的这个人并不熟悉，也不知道对方喜欢什么，那么你就应该试着用不同的谈话内容来与他交谈，同时也要观察对方在交谈时的脸色和语气的变化，因为这些可以告诉你这个人此时是讨厌你的谈话还是喜欢你的谈话，从中得知他人内心的真实想法。

心理小贴士

察言观色是一种为人处世的技巧，也是一门学问。一个人一旦学会了察言观色，你就会有种"话未说，便知其意"的感觉。这也是察言观色的心理作用。人的心理会通过人的表情和语言表现出来，所以人们应当学会察言观色，懂得察言观色的心理方法和作用。这样，你就不用费尽心思地去猜他人的"内心"了。

俗话说，在家靠父母，出门靠朋友。由此可见，朋友对一个人而言有多么的重要。每个人都有自己的朋友，也有自己的交友原则，有的人只结交"精英"，而有的人却结交那些地痞流氓；有的人结交忠实敦厚的人，而有的人却只结交奸邪狡诈之人。这就是人与人的不同。不同的朋友对自己的影响也就不同，有的有益于你的人生，而有的则是在败坏你的人生。为什么这样说？因为人与人的心理是相互影响的。由此可见，每个人在交友时要有一个准则，那就是宁缺毋滥，拒绝狐朋狗友。

朋友在精不在多

一个人如果孤孤单单地走完自己的人生，这样的人生无疑是最悲哀的。不管自己的人生是否平坦，每个人都希望自己能够有朋友，在自己忧愁郁闷的时候，能够有人听听自己的倾诉，能够有人为自己的人生指点迷津。但是，这并不是说任何人都可以做自己的朋友。朋友是那些在幸福的时候可以一同分享，在痛苦的时候也可以一同度过的人，是那些对自己的人生和品德有帮助的人。如果你的朋友没有一技之长，只是一味地利用你，只会让你沾染恶劣的习气，这样的朋友宁可没有。

[交友要有选择性]

培根说："人生在世，得不到友谊的将会是终身可怜的孤独者，没有友谊的社会则是一片繁华的沙漠。"这句话就告诉人们，友谊在人的一生中有着极其重要的地位。友谊可以给人一种归属感和认同感，友谊是带动人内心努力的动力。虽然友情重要，但交友应当慎重，要有一定的选择性。

从心理学角度来看，友谊在某种程度上满足了人们内心的归属感和认同感，这种满足让人们对自己更加自信。但是，如果交友错误，那么这种认同感和归属感就会发生偏差，在友谊的浓热期虽然没有任何的破绽，一旦出现问题，这种缺乏质量的友谊只会增加人们内心的伤痛，在心理上必将承受由此带来的巨大的压力。

如果交友正确，友谊会朝着良性的方向发展，不仅对当事人无害，反而会有利。高质量的友谊不单单可以满足人们内心的归属感和认同感，还可以让人们在这种友谊中更加清楚地认识自己，认识人生。

真正的友谊并不是轻而易举就可以得到，它需要人们精心地长时间地培养，只有经过了相识、相知的过程，友谊之花才会在二人之间绽放。如果一个伤心的人把自己的悲伤告诉了自己的朋友，那么他的忧伤就会变成一半，原因是朋友帮他分担了一半；如果一个人把自己的快乐告诉了朋友，那么他的快乐就会加倍，这是因为你的朋友因你快乐也得到了快乐。

当你的朋友分担了你的忧伤时，因为忧伤的事情所产生的心理压力就会得到缓解；当你的朋友分担了你的快乐时，快乐也会感染你的朋友，你的情绪也会影响朋友的心理活动。

所以，一个人需要友谊，但友谊的建立要有选择性，换言之就是交友要有选择性。盲目的友谊未必会成功，未必会对自己的人生有帮助，未必能够让自己的心理得到安慰。聪明的人在寻找自己的友谊时，是不会随随便便找一个人当作自己的朋友的，而是选择与自己兴趣相投或者让自己的心理可以得到某种慰藉的人来作为自己的朋友。

[交友要宁缺毋滥]

人们寻找自己的友谊的过程也是在满足他人寻找友谊要求。在当今这个时代，人与人之间信息的交流更为迅捷，更为频繁。有的人虽然与你零距离接触，但心灵却与你相隔十万八千里，这种人并不适合作为自己的朋友，或者只能算是"酒肉之交"。

交友宁缺毋滥，就是要保证自己交友的质量，要让自己的心灵依靠得到充分的保障。有的友谊是建立在温饱关系基础之上的，当你二人衣食无忧时，你们是没有"心灵隔阂"的朋友；在生死存亡之间，它便会将你们的友谊践踏得粉身碎骨。有时候，某个人在你眼中是最佳的朋友，他可以看懂你的心，知道你的思想，但这并不意味着他就是你的"生死之交"。

真正的生死之交不但能够读懂你内心的想法，读懂你的心理，他还知道如何安慰你受伤的心灵，驱散你心头的阴霾。不管你的想法有多么的拙劣，不管你的行为有多么的幼稚，他都不会嘲笑你，而是尽自己的努力来维护你的尊严。

寻找自己的友谊，需要选择性，不要因为一时心灵上友谊的空缺就随便找一个人来填补自己内心的空白，或者同时有很多朋友，就像在踢足球一样，有多个"替补队员"。有这种心理的人应当立刻打消这种心理，不要以为任何一个人都可以满足自我的心灵。

交友宁缺毋滥，需要有一定的标准。没有标准的交友只会让自己的心灵更加疲惫，甚至使自己的内心失去阳光。所以要学会拒绝狐朋狗友，因为这些人根本称不上是朋友。狐朋狗友不仅降低了你友谊的质量，它还让你的心理活动产生巨大的波动，更会让你的人品和心理品质发生巨大的改变，甚至让你迷失了自我。

在选择朋友的时候，要坚持宁缺毋滥的原则。格林伍德就曾发出感叹："我宁可独自一人，也绝不会与那些庸俗卑劣的人为伍。"显然这句话的意思就是说，一个人与其与那些狐朋狗友在一起，倒不如独自一人孤独、安静地度过自己的一生。因为这样的人生或许还可以保持纯洁。

所以，不要轻易地把别人当作自己的朋友，也不要轻易地放弃原本可以建立真正友谊的机会。志同道合的人会有同样的心理感应，会彼此感应到对方的心理活动，而那些狐朋狗友对你的心理感应是不会有共鸣的。真挚的友谊不仅仅是喜好的交流，同时也是心理的交流。

另外，每个人都可以吸收他人的思想和模仿他人的行为，如果你的朋友拥有某种不良嗜好，你极易受到影响，会在不知不觉中染上恶习。所谓的近朱者赤，近墨者黑就是这个意思。如果在你的周围都是一些卑鄙小人，都是一些狐朋狗友，那么你也不会高尚多少，你的心灵也不会纯净。如果你与高雅之人为伍，那么，你的心灵便会得到甘霖的滋润。

宁缺毋滥，拒绝狐朋狗友，这是交友的根本原则。

心理小贴士

如果你的周围都是一些不值得交往的人，那么你要注意了，不要将这些人作为你选择朋友的对象，他们不但不会满足你心灵的归属感和认同感，还无法与你有相同的思想和思维模式，没有共同的沟通语言。所以，遇到这些人的时候，如果你不想让自己的心灵受到玷污的话，就要远离，而不是靠近。友谊是需要质量的，交友也要学会宁缺毋滥。

从古至今，利益一直都是人心的试金石。一个人对你是否忠诚，用一定的金钱就可以检测出来，但检测出来的结果往往会让人们接受不了，因为这些人曾是他们"最好的朋友"。其实，真正的朋友不会因为利益而出卖自己的朋友。有的人在贫穷的时候可以做到与伙伴情同手足，一旦有了地位，得到了利益，他交友的观念便发生了变化，你不再是他的"知己"了，反而成为了他的累赘。

名利面前辨真伪

一个人一生不可能只有一个朋友，但朋友与朋友之间还是有差别的，而且同样是至交的人也是不同的，总的来说就是朋友之情有厚薄之分，朋友的心灵也有正邪之分。有的朋友的心灵是纯真无邪的，而有的则是隐藏着真实的自己。他们总是用表象迷惑他人，但是一旦遇到与自己的利益有关的问题时，他们的本性便会暴露出来。这就是利益的好处，它可以告诉你，你所谓的"朋友"到底是不是真正的朋友。

[人心是变幻莫测的]

每个人来到这个世界上，都有不同的生活目标，都有不同的生活经历，所以，每个人的心理也会有所不同。社会是个大熔炉，在这个大熔炉中，每个人都避免不了会受到一定的影响。在这些影响下，每个人的心理都会发生一定的变化，人们的心理基础是不同的，所以，在社会的作用下，每个人的心理最终成长的效果也就不一样，也就是说，人心是变幻莫测的。

每个人都有朋友，但朋友之间的感情深度却是不一样的。春风得意的时候，大家互相礼尚往来，互相给予关照；但如果有了磨难，有的人则会因为不同的心理而做出不同的决策。也许这些决策会让你陷入困境，严重的会让你受到巨大的打击，所以，有的人开始对自己周围的人有了戒心。

当人们面对即将归属于你的利益时，有的人会表现得很平淡，有的人则是很兴奋；有的人趋之若鹜，有的人冷面相对。这些人在面对利益的时候，均以各自不同的心理来看待眼前的利益，然而变幻莫测的人心让人们看不到这些不同表情后面所蕴含的内容。

人的心理是不同的，这是因为人的思维方式和思维基础是不同的。心理的不同导致人们考虑问题的方式不同，在面对利益的时候，这些心理会检测出人的本心。这些本心就是变幻莫测的人心。

有的人对这件事情表现得很热情，但在另外一件事情上却很冷淡，这些都是由他的心理支配的。俗话说"人心是善变的"，其实就是告诉我们人心善变的特点。不要用你一成不变的心理去考虑他人善变的心理，否则你极有可能会掉入善变心理的漩涡当中。

[利益是人心的试金石]

虽然人心都是变幻莫测的，但它们依然躲不过某些诱惑的考验，比如利益、权力、官位等等。从古至今，有很多人在面对这些东西的时候，便显露出了自己的真面目。所以，人们常说，利益是人心的试金石。

有的人在自己一无所有的时候自觉毫无自尊和地位，此时可以同自己的穷哥们儿同甘共苦，甚至连思考问题的方式和思路都一样。一旦自己的地位上升了，便会摆出财大气粗的一面，交友的观点也会随之改变，过去的"好友"在利益至上心理的支配下，便成了个人的"累赘"。随着心理的变化，他们对待自己昔日好友的态度也在一点一滴的改变。

曾有两个战士在战胜时期同甘共苦，后来其中的一位因为犯错而离开军队，为了证明自己的清白，他找昔日的"好友"为自己作证。而这个战友竟然害怕受到连累，拒不见他，并且扬言说不认识他。面对老友的态度，老兵落下了伤心的泪水。人心哪！这就是人心哪！老兵的心在呐喊。

　　面对上述这个问题，在保全和受伤中间，注重利益的人通常都会选择保全自己，而那些看轻利益的人都会宁愿受伤也要帮助自己的好友。此刻，在利益的面前，人心的真伪就表露无遗了。所以，在你需要帮助的时候，不要用你的心理和思维去思考他人的心理和思维，因为你的思考极有可能与现实有一定甚至巨大的偏差。

　　在利益面前，各种人的灵魂会不自觉地暴露出来。有的人在自己的利益没有受到损失的时候，还可以同你称兄道弟，一旦他们的利益受到损失了，他们就立刻转变，唯利是图，将昔日的友情抛到了九霄云外。因为他们的心已经被利益所充斥，根本容纳不进去其他的东西。

　　有的人追逐利益，其实这是一种满足自己心理的行为，有的人可以用其他的东西来满足自己心理的需求，而有的人只有利益才会让他们的心理饥饿感得到满足，这就是利益对于那些人的作用。想到这些，也就不难理解，他们在面对利益的时候背叛自己好友的心理状态了。

　　但不管怎样，在这个世界上还是重情的人多，他们在利益面前，不为利益所动，总是能够坚持着自己的做人原则，不会让自己走入心理的误区，无论眼前的利益有多么的诱人，他们都会用同样的心理来对待。

　　"人"字虽然只有两笔，但这两笔却很难有人能工工整整地将它写出来，要么歪歪扭扭，要么笔画的力度不够，要么笔画不到位。做人是一件困难的事情，不是每个人都可以做得很出色。你到底是不是出色的人，利益会告诉你答案，千百年来这颗"试金石"从来没有过失误。

心理小贴士

　　如果你想知道你的朋友对你的真心，你可以借利益来检验他。人的心理都是会变的，过去的真挚情感不代表眼前的一切，人心会变，所以，它面对利益的反应也会改变。如果你想知道你周围的人是怎样的，你可以借助利益来找到答案。

　　酒是生活中常见的一种饮品，有的人为了它不顾一切，而有的人却对它避而远之。有的人酒量有限，有的人酒量却出奇的好，称得上"千杯不醉"。不过有的人却还是醉了，并且在醉的时候丑态百出，胡言乱语，但这些"胡言乱语"却总会让身边的人有所触动，所以，人们将这些"胡言乱语"称之为"真言"，故有"酒后吐真言"之说。

酒后吐言需慎重

　　曾有人这么说，爱喝酒的人最有发言的权利。这是为什么呢？这是因为他们承担了太多的压力，但又无处发泄，所以他们只能借助于喝酒来表达自己的感情和心情了。对于那些酒量不好的人而言，总会在喝醉酒之后无意识地讲话，他们讲话的内容要么是无心的，要么是平日的积累，总之，他们醒过来之后，就不记得自己曾经说过什么话了。

[酒后是否有真言]

　　也许很多人都经历过有人酒后说话的场景，对于这些酒后说的话，人们都在质疑：这些酒后说的话可信吗？

　　其实，酒后说的话并不都是可信的，有的话可以相信，有的则应该当作一则笑话一笑而过。酒后说的话是因为人们平日里压力大，但苦于没有可以发泄的对象和时机，所以，他们总会把自己内心的不满、郁闷、痛苦等消极情绪隐藏在自己的内心，为的就是不让外人看出来。但凡事都有一个"度"，一旦过了这个"度"就会出问题。

　　出问题的形式一般都是以发酒疯的形式出现。这是因为人们在酒精的作用下，大脑对自己神经的控制已经"力不从心"了，大脑中的思维出现了混乱，以至于讲话也出现了混乱。但这种混乱不是无缘由的，人们总是会在这个时刻将平日的消极情绪借机发泄出来，但这种发泄不是有意的，当事人对自己当时的心理以及行为都无法掌控。

此时，有些人所说出的话是真言。因为酒精给他们提供了发泄的勇气和机会，心中的不快发泄出来后，他们的情绪就会归于平静，那种消极的心理就会消失，重新出现的是乐观开朗的积极情绪。

不过，有的人酒后说的话并不是真言，他们说的话甚至可以说得上是"胡言乱语"。这种人多是原本就经常醉酒的人，醉酒说胡话也就成为常事，他们所说的话也就没有了可信度，自然也就谈不上真与不真了。

这种人在说醉话的时候，他的头脑并不清醒，他们也不知道自己在说些什么，甚至不知道自己已经醉了。他们在说话的时候，大脑是没有思考的，说话是一种无意识的行为，并不具备可信度，也就是说他们说的话并不是"真言"。

人是理智和感情的综合体。在不喝酒的时候，是理智主宰着一个人，这时没有人会乱说话；而喝了酒的人也并不是没有理智，而是此时他们的血液循环加快，处在亢奋或者兴奋的状态，一旦喝多，自己就无法控制自己了，只能由自己的感情来支配自己了。

[冷静对待"酒后吐真言"]

酒后吐真言的人不在少数，但这并不代表所有人酒后说的话都是真言，所以，对于酒后说的话应当冷静对待，不要头脑一热便做出了不理智的决定。

对于那些平日并不怎么醉酒的人，如果他们醉酒了，并且还"酒后吐言"了，这时人们就不应该用敷衍了事的心理来对待这些"话"，而应当采取谨慎的态度来对待。回忆自己同当事人生活的点点滴滴，通过思考来寻找他们说这些话的原因，然后通过换位思考，设身处地的为当事人考虑，体会他们这么做的苦衷，原谅他们让你不满意的决定，也许在他们做出这种决定的时候，他们的心也是痛的。

　　只有你把当事人的酒话同当时的生活场景结合起来，你才会明白当事人当时的心理活动，你才会体会当事人当时的内心挣扎程度，这样你才能及时地对自己的言行进行矫正，避免今后伤害对方的事情再次发生。

　　而对于那些经常喝醉酒的人，如果他们醉酒了，他们的酒话完全可以不必在意，因为他们平日里就是如此。当他们清醒过来后，自己会当作什么也没有发生，他们对自己说过的话都不会记得，其他人就更没有必要记得了。如果你很在意他们说的话，恐怕你会浪费自己很多的时间和精力，到最后你可能什么也没有得到，甚至可能会受到伤害。

　　不管怎样，如果遇到了酒后讲话的人，首先应当看这个人醉了没有，有的人表面上醉了，其实他们并没有醉，他们的思维很清晰，他们很清楚自己在做什么，有时候他们会借助酒劲儿来实现自己的某些计划，这样的人所说的酒话应当慎重对待。而那些真醉了的人，他们说的话应该具有可信度，人们应当用自己的心仔细地体会他们所讲的每一句话，因为他们说的话就可能是现实中无法表达出来的内容。

心理小贴士

　　也许你也有醉酒的时候，你是希望人们相信你说的话，还是希望人们把你当时说的话当作什么都没说一样？不同的人会有不同的心理，不同的心理就会导致人们用不同的态度对待这些话。学会用正确的心理来对待"酒后吐真言"，因为错误的心理和态度会造成意外的伤害和损失。

何谓城府？城府原意是一个城市或者一家府院，后来人们把这个词的意思引申了，如果说一个人很有城府，就是在暗示这个人有着宽广的胸怀，他具有一颗宽容的心。城府的深浅往往可以彰显一个人的素质和修养。生活中的花开花落、月盈月亏是常事，生活中的酸甜苦辣、坎坷荆棘也都是常事，如果连这些事情都耿耿于怀的话，那么只能说明这个人的城府不深。

有点心机也无妨

人在年少的时候，总是不知道事情的一二原因，芝麻大的事情也要大惊小怪，这都是没有城府的表现。城府折射到心理学上，就是一个人心理素质的好坏。城府深的人，其心理素质会优于常人，而那些城府很浅甚至没有城府的人，其心理素质一般情况下会比常人差。

[城府有何用]

当人们称赞一个人具有宽广的胸怀的时候，总是会夸赞对方城府很深。一个人城府深是好事，但有时候也会变成坏事。说白了，城府就是一把双刃剑。

首先，城府深的人好处多多，城府可以让你学会从多方面去思考问题，会锻炼你细腻的心思，你的思维也会有一个较大的提升。城府深会让你面对突发事件时，不会惊慌失措，而是冷静对待，这样，你就可以镇得住场面，会增加人们对你的信服度，会增加人们对你的信任。

当你的城府达到一定的深度后，你就不再会为小事而斤斤计较，反而会以大度的胸怀包容它。当你思考问题时，你的城府会提醒你多方位的去思考问题，从而避免了由于你片面的观点而导致不好的结果出现。

城府深的人具备优秀的心理素质。这是因为城府深的人经历过的事情较多，对事情的认识也有所积累，久而久之对已经遇到过的事情就不会感到太突然了，逐渐，心理素质便得到了锻炼，在锻炼中，心理素质便越来越优秀了。

有城府的人碰到麻烦，不会轻易说出自己的困惑，他会综合研究，在麻烦里抽丝理麻，最后悄无声息地解决。有城府不同于内向拘谨害羞，前者是胸有成竹而不露，后者是弱水浮萍不自信。

城府是人的一种功力，内敛而不外露的功力。有城府之人，具有独特的魅力，稳重、内敛、成熟又不失大方。初识新的朋友，表面亲切和蔼如沐春风，内心则是隔岸观望加审视。与人相处后总能快速占据高地，抓住对方，让人不由自主地仰视。他话少却不是哑巴，注重的是谈吐的效果。要么不说，说则一针见血；看似木讷，却是在喧闹中求静，显得儒雅，必要场合一样博古论今却不油滑，杀伤力不可小视。

城府深的人在面对生命时，总是有较深的认识和理解，他们更明白人生的意义，更知道众多人生的转机在何时出现。不管发生什么样的灾难，他们都知道自己该做什么，从来不会出现失误。

城府对每个人都有不同的作用。在一些人身上，它是一种积极的动力，而在另一些人身上却起着一种消极的作用。但不管怎样，城府都是人的一种内力，一种内敛而不外露的内力。

［ 加深自己的城府 ］

城府是一个人给他人的一种感觉，若想知道你城府的深浅，你可以向他人询问，也可以自己进行深思。一个人若想不让别人一眼就看穿自己，可以试着加深自己的城府，那么什么方法可以加深自己的城府呢？

首先，在生活中应该多观察，多思考，少开口。多观察那些城府深的人是怎么讲话，是怎么处事，是怎么做人的，从他人为人处世的点点滴滴中悟到加深城府的方法，让自己变得有城府或者更有城府。

多思考是告诉人们在你看到那些城府深的人为人处世的方式时，要思考这样为人处世的原因、好处以及其他方面。要思考哪些方法适合自己，哪些不适合自己，从中挑选精华来为我所用，不要不经思考直接拿来使用，这样容易使自己犯错误，而且还可能会受到伤害。

少开口不是不开口，而是开口讲话要注意时机，注意场合，不要不顾一切地乱讲话，少开口不仅要注意开口的场合和时机，还应该注意自己讲话的内容，要经过思考后再讲话，这样不容易出错。

其次就是说话要精练，要善于用暗喻或者暗示，而不要用白话来告诉他人你的企图和计划，尽量留给别人想象的空间。也许这样，你的敌人会对你的话多几分忌惮，而不敢轻易地对你做出不利的举动。

再者，就是不要刻意去掩盖自己不好的方面，那些城府深的人向来不会掩盖自己的缺点，他人看到了就是看到了，他们不会在别人发现后做出亡羊补牢的举动。另外，城府深的人一般都具有自我反抗的能力，如果有人给他们提了攻击性的意见，如果是好意，他们便会说一声"谢谢"，这样就避免了两种强势心理的碰撞；如果是不带攻击性的并带有笑容的提醒，这样他们会说"我会注意的"。这样对于提醒的人来说，会感觉到对方的感激心理，会对自己做出的提醒有所安慰。

城府深的人在遇到出丑的事情时，如果有点尴尬，他们则会自己耸耸肩，或者做个鬼脸，以向他人展示自己无所谓的心理，这样他人就会觉得这个人不简单，有一定的城府。

其实城府的深浅同个人的学识没有必然的联系。学识高的人未必就是城府深的人，有时反而让人觉得他们显得很迂腐，学识低的人也未必是城府浅的人，比如历史名臣和珅，他虽然学识不高，但可以称得上是城府极深的人，一般的人是看不到他内心真实的想法的，也就是说猜不到他的心理活动。

一个人的城府其实跟一个人的素质修养有关。一个人如果素质修养达到较高的水平，那么他该忍耐的时候自然会忍耐，该等待的时候自然会等待，也不会像常人一样喜怒于色，更不会气急败坏直跺脚。这是因为这些人经历的事情较多，对生活有了较多的感悟，对生活的体会积累到了一定的程度。

所以，对于深具城府的人来说，他们做事要么丝毫不隐藏，要么隐藏得让你丝毫找不到。

心理小贴士

　　总之，在这个世界上，不要让自己像一层空气一样，可以让他人一眼看穿，如果这样，你永远只有受骗或者受伤害的份。不要埋怨这个社会的现实，人都是现实的。所以，要学会让自己的城府深一点，不断地加深自己的城府，给自己脆弱的心灵加一层面纱，保护自己脆弱的心灵，以免自己受到不必要的伤害。

人们在生活中总会遇到让自己为难的境况，比如鱼与熊掌，你要哪个？江山与美人，你选择谁？权势与快乐，孰轻孰重？这些都是人们会遇到的为难的问题，有的人在面对这样的问题时，会选择熊掌、美人、权势，可是有的人却不要那些金贵的事物，而是选择了普通的鱼、平凡的事业、简单的快乐，这是为什么？这是因为在每个人的心中都有一个原则，有的人在遇到问题时可以坚持自己的原则，而有的人却选择了妥协。不过在我们的生活中，我们不可能一味地坚持自己的原则，在适当的时候应当学会妥协，因为生活需要一定的妥协。

原则面前，懂得变通

一个人在生活中要学会用妥协来保全自己，用原则来追求自己想要的东西，妥协与原则交互使用，这样你的人生才会更有保障。在该坚持原则的时候没有坚持，只会增加自己的遗憾；在该妥协的时候没有妥协，这只会增加对自己的伤害。人应当学会适时地坚守原则和适时地妥协。

[坚持原则]

一个人在面对金钱的诱惑时，能否坚守住自己最后的阵地，这是在考验一个人的心理。如果心理承受能力强，他可以按照自己的原则，遵照自己的意愿行事；如果心理承受能力较差，他极有可能背叛自己的本心，做出违心的事情来。无论在何时，都应该坚持自己的原则。

坚持原则，可以让你更有勇气面对生活。原则是一个人为人处世的底线，如果一个人在做事的时候，连这个底线都守不住的话，那么只能说明这个人实在是一个毫无原则的人。那么，在遇到较大事情的时候，他就会不知所措，他的心理活动便会变得极为紊乱，无法达到平静的状态。

　　坚持原则还是在考验一个人心理的定力。如果你有足够的心理定力，那么无论发生什么事情，你都可以在自我原则的支配下，做自己想做的事情，而不会成为他人胁迫的对象。坚持原则的人有足够强的心理素质，他会在自己的内心衡量出自己原则的重要性，这样他就不容易违背自己的原则。

　　有的人在遇事的时候没有坚持住自己的原则，结果很多人看低了他的人品，不再像以前那样尊重他，爱护他，而是鄙视他，远离他，因为这样的人容易在危急时刻为了自己的利益而背叛他人。

　　原则其实是人们某种坚定的心理经过了时间的洗礼而生存下来的抽象事物，他体现了一个人的心理素质和生活质量。有原则的人遇事会经过反复的思考，考虑哪一种做法不会违背自己的原则，然后再做出决定。

　　不管人们怎样对待生活，都是在坚持自我原则的前提下实现的。不过，这并不是说一个人一生只能坚守自己的原则，恰当的妥协还是必要的。

［学会妥协］

　　在生活中，不管是在哪个领域内，总会有争斗发生。争斗的解决方式有多种，妥协就是其中的一种解决方式。妥协就是主动地降低自己的要求和条件，以低姿态来应对对方。妥协其实是一种自我保护的方式。

　　妥协可以帮助自己赢得扭转不利局势的时间和机遇。如果是对方提出妥协，你可以看出此刻他已经是力不从心了，可以猜测出他此刻在做什么样的心理打算，也许他就要放弃这场争斗了，如果你提出某些条件，他也有可能接受。因此，妥协在一定程度上可以迷惑对方的心理，让对方对你的警惕有所放松。

　　如果你是妥协的一方，你可以利用妥协的时机来为自己赢得扭转战局的时间。但妥协一定要维持住自己最起码的"存在"条件。另外，在向对方妥协的时候，要尽量掩盖住自己的心理活动，一旦敌手读出了你的心理活动，就会知道你妥协的目的，那么你的妥协就会成为徒劳。

　　妥协在本质上可以说是一种高超的让步艺术，是现代人必备的心理素质。

在大自然中，有一种最基本的观点，那就是一切生物都是处在普遍的联系当中，在生物圈中有着复杂的相生相克的关系，这种关系把所有的生物都聚集在一起组成了生机勃勃的生命世界。在这个圈子当中，每一种生物都要学会与自己的对手做出一定的妥协，这种妥协有时并不是弱者的表现，它是一种明智的表现，正如人们所说，"留得青山在，不怕没柴烧"。如果"青山"都没有了，哪还有可以燃烧的"柴"呢？

妥协是一种主动示弱的心理，它是在告诉你的对手，你是在向他表示屈服，你服从他的决定，但你希望对方可以适当地保障自己的利益，不要将自己逼到死角。当你的对手感觉到你的这种心理的时候，他会衡量你的妥协对他产生的影响，如果是有利的影响，对方会接受，如果是不利的影响，对方则会拒绝。

不同的场合应该用不同的方法，既要原则，又要妥协。用原则为自己赢得利益，用妥协为自己赢得转机，这样才能够在日益激烈的竞争中保全自己的利益，使自己拥有长远发展的机会。能够妥协，就意味着你尊重他人，这样他人也会尊重你。

心理小贴士

一个足智多谋的人知道何时该进，何时该退。他会根据对方的身份、来历等来调整自己的应对策略，察言观色，抓住坚守原则和妥协的最佳时机，保存自我实力和自尊。中国古代的铸币，采用的是外圆内方的方式，这其实也是一种孔氏理念。孔夫子是在告诉商人，外表可以圆滑，可以妥协，但内心要方正，要坚持自己的原则。所以，不管什么人，都应当既要原则，又要妥协。

　　凡人都有得意的时候，得意就是因为自己做了令自己满意同时又是值得庆贺的事情，这是一种自我陶醉的心理。每个人都会在得意的时候表现出自我陶醉的心理，这是可以理解的，无可厚非。但是有的人却得意得自我陶醉过了头，结果忘了形。有些人在得意忘形的时候总是做出一些令人难以接受、令人厌烦的事情，甚至做出损人身心的事情来，这是要不得的。所以，每个人都应该谨记得意之时不忘形。

胜不骄才胜更长

　　总有这么一种人，他们总是喜形于色，从没有考虑到身边人的感受。记住：不要在失意者面前谈论你的得意，否则你会让他人更加失意与反感。所以，人要尽力把握住自己的气韵，让自己少一些傲气，多一些正气，这样人生就会充满正义和色彩。

［得意之时莫忘形］

　　得意之人最容易犯的毛病就是乐不思蜀，这是他们得意心理的外泄，应该提醒这些人，快乐可以，但不要快乐得忘记自己。心理学告诉我们：记住，永远不要在别人面前得意忘形，哪怕是自己最亲近的人。

　　人在得意的时候最好能够保持一颗平和的心。平和的心态是一种升华后的理性人格和境界，是宽容和睿智的代表。那些成就大事业的人，没有一个是得意忘形的人。用一颗平和的心去看待生活中每一件事情，不管它是喜是忧，都不要让它干扰你的心绪。

　　之所以劝得意之人不要忘形、不要迷失自我，是因为如果你在那些原本就已经很失意的人面前表露出自己的得意，你只会让他们失意的心情变得更加失意，脆弱的心理变得更加脆弱，并且你会让他们觉得你是在故意炫耀自己的得意。所以，你的得意在一定程度上会对他人的心理造成一定的伤害。

人生难得快乐，所以得意的时候并非不可以忘形，但要注意场合。比如你如果在你自己的小房间里得意得忘了形，这也不是什么大不了的事情，甚至可以称得上是一种幸福，因为此时的你是在自己的小圈子里自我陶醉，再说，你的自我陶醉不会影响他人的生活和心理变化。所以，得意是要讲究场合的。

许多得意忘形的人总认为人们故意疏远自己，其实不是人们在疏远自己，而是自己的表现无法让人们接受得了，人们不得不稍稍远离这些人，以防止自己的失意遭到这些人的嘲笑。

如果你控制不住想要展现自己喜悦的心情，可以在公共场合适当地表现自己的得意，这样别人会对你投以佩服的眼光，你还可以独自一人到一个空旷的地方大声呼喊，让苍天和大地知道你的喜悦，这种表达方式不但不会影响到他人，而且使你的得意之情得到了一定的宣泄。

因此，人应当学会不吹嘘，不狂傲，不抬高自己，真正做到"胜不骄"。懂得"满招损"的人是生活的智者，也是在生活中倍受欢迎的人，并且有更多的机会获得更大的成功。

[得意忘形坏处多]

得意忘形虽然可以让你的喜悦之情得到最大限度的发挥，但得意忘形的好处远远小于它带给你的坏处。

首先，得意忘形容易将你原本的面貌展示给众人，人们从眼前得意忘形的你中看到真实的你，如果让你的对手看到了，他会在暗地里找到一种新的对付你的方式，他会从你的得意忘形中参透你的心理，明白你的任何一个举动的意义，并且会对你今后的举动做好充分的应对准备。

一般而言，失意的人是没有任何攻击性的，他们只会独自沉浸在自己的郁郁寡欢之中，但这并不是说他们不会发怒，其实他们好比一头沉睡的狮子，一旦你的得意达到了一定的程度，激怒了这些人，你就要倒霉了。在你得意的时候，他们的内心已经滋生出了叫做报复的心理，你的得意之情在不知不觉中为自己埋下了隐患。

生活中不是每个人都很坚强。有的人很脆弱。如果你在一个极度脆弱的人面前得意忘形，那么你的得意只会让他人内心的自卑心理一点一点地蔓延，直至他人对自己彻底没有了信心，对生活失去了勇气，甚至产生轻生的念头。如果发生了这样的事情，你的得意反而使自己成为致人死亡的罪魁祸首。

不要用你的得意来伤害他人，因为每个人的心理承受能力是不一样的，并不是每个人都可以经受得住生活的磨练。所以，你应该学会控制自己，控制自己的行为，学会用正确的方式来表达自己，而不是不经过大脑思考就随随便便地做出举动，如果这样的话，你可能会为自己的得意忘形付出巨大的代价。

心理小贴士

为了不因自己的得意而给自己招致祸端，一个人在有了得意事的时候，千万不要忘了形。得意之时要少说话，谨慎说话，而且讲话的态度要更加谦逊。所以，提醒你，与人相处，尤其是在你面对失意的人的时候，不要在他们面前谈论你的得意，切忌得意忘形。

不以物喜，不以己悲是中国道家思想。它讲的是一种心态，一种思想，也是古人的一种修身的要求。这种思想对如今的人们来说并不过时。生活的现实让很多人变得越来越不会沉静了，情绪总是大起大落，得到自己喜欢的就狂喜，失去自己之爱就悲到极致。这种生活方式是最累的一种生活方式，如果每个人都这样生活，这个世界将会陷入一片混乱。

不被外界左右你的情绪

人们总是在羡慕他人多么的伟大，多么的有自制力，而认为自己是多么的愚笨。其实此种差别的产生，并不是来自每个人智商的差异，而是心理与思想的区别，如果你的思想达到了一定的深度，你的心就不会被外界事物左右，反过来，你会影响你的周围环境及身边的人。

[不以物喜]

在人的一生中，总会有人因为某些东西而高兴得忘乎所以。比如有的人得到了自己想要的东西，便会高兴得迷失了自我；而有的人高兴在心里，平和在脸上，这就是一个人做事是否高明的表现，也是一个人是否具有修养的表现，更展现了一个人的心理定力。

不以物喜就是说不要因为某一件物品而无故地开心，或者因为某一件自己看着顺眼的东西而高兴。但人与人都是有差别的，有的人可以做到，有的人却做不到。不以物喜蕴含的是人的一种自控能力，自控能力强的人是不会让外界事物干扰自己内心的，如果内心不被干扰，思想就不会被干扰。这样，一个人的心理就具有了一定的独立性。如果心理独立了，也就能做到不以物喜了。

在这个社会中，人追求的东西太多，比如权利，比如金钱，比如荣誉……这些东西都是极具诱惑力的，一般的人都难免不对它们动心，毕竟人的心理定力不一样。当人们对这些"美好东西"动心后，便会产生一种征服和得到的欲望，一旦得到了，心情自然尚好，那么人在心情好的时候便会把自己的喜悦之情表露出来。

然而古人提倡人们应该不以物喜，不管你得到的东西是不是自己所喜欢的，都不应该让自己的情绪起伏不定，同时，这也是一个人是否具备修养的体现。宋朝大诗人范仲淹就以"不以物喜，不以己悲"作为自己为人处世之标准，所以他入世处世样样自如。

其实，"不以物喜"并不是简简单单地指"物品"、"物"，也可以指结果。这个世界是以结果为导向的，个人的成就同客观的利益的关系越来越密切了。一个人对社会的贡献会直接同这个人的名誉有关。这里的"物"可以是财富，可以是成就，这是对一个人过去的认可和承认。荣誉在一定程度上也满足了一个人的心理需求。

"不以物喜"不是要人们把自己的喜悦心情隐藏起来，而是告诉人们要适度地表现自己的心情。睿智的古人在得到自己想要的东西时，总是在嘴角露出并不显眼的微笑，或者是牵动一下嘴角。这种方式在一定程度上释放了一个人的喜悦的心情，满足了其张扬的心理，同时也没有让他人觉得自己低俗。

[不以己悲]

"不以己悲"是说一个人不要因为自己一时境遇的不佳而感到失魂落魄。人在活着的时候不要因为自己所遭遇的不幸而对美好的生活失去了信心，应当坚持自己的原则，不受外界的影响。

每个人在看到自己的弱点或者失败的时候总会感到沮丧，甚至还会产生消极的情绪，这样反而抑制了自己的潜力和发展的机会。这是因为消极的情绪会干扰一个人的心绪，心绪的不平会让自己的思路陷入紊乱的状态当中。心绪的不平也是一个人心理上的一种障碍，心理上有了障碍就容易对生活产生消极的情绪。

每个人都应当建立起自己的思维系统，不能让自己的辛酸经历干扰了自己对事物的公平判断。有的人在自己的职业发展中不断地努力，不断地向自己提出挑战，不断地战胜自己，而有的人只会因为一时的失败而对自己的职业生涯失去了信心，成了"以己悲"的"牺牲品"，结果令人扼腕叹息。

其实"不以物喜，不以己悲"是一种恒定淡然的心态，是一种豁达的人生活态度。"不以物喜，不以己悲"是在告诉人们，不要让自己成为自己情绪的奴隶，人应当管理好自己的情绪，让自己保持一颗清醒的头脑来处理遇到的各类事情，这样就这真正做到了"不以物喜，不以己悲"。

"不以物喜，不以己悲"的中心就是要人们学会管理自己的情绪。管理好自己的情绪就可以有一个非常平和的心态，不会因为一时的收获而惊喜，也不会因为一时的失去而过度悲伤。在获得成功和遭遇挫折时，总是能够做到镇定自如，真正成为自我情绪的主人。

在中国历史上有"气死周瑜"的典故，也有唐太宗纳谏的史实。周瑜由于无法做到"不以物喜，不以己悲"而失去了自我控制情绪的能力，没有宽广的心胸，他便包容不了诸葛亮的才气，结果只能是自己把自己活活气死。

而唐太宗纳谏，魏征不畏权势敢于直谏，虽然魏征的谏言在一定程度上让唐太宗很是生气，并且有时候，让唐太宗杀魏征的心都有，但唐太宗最后还是没有杀魏征，还是包容了魏征。当唐太宗被魏征气得忍无可忍的时候，便到后花园中独自散散步，调整一下自己的情绪，争取不让自己成为自己情绪的俘虏。

"不以物喜，不以己悲"是一种沉稳的做事风格，具有沉稳做事风格的人总是可以成为最后的成功者。曾有人说，真正会笑的人不是最初笑的人，而是最后才笑的人。这是因为最初笑的人不具备自我控制能力，或者自控能力还有欠缺，做起事情来自然就没有那些笑到最后的人有耐性，自然也就容易暴露出自己的弊端，那么，也就没有了后者具备的成功者的风范。

心理小贴士

纵观古今，只有那些能够"不以物喜，不以己悲"的人才更容易成功，最终实现自己人生的突围和超越，达到人生的顶峰。而那些做不到的人只能眼看他人的成功并在自我抱怨中度过自己的余生。这就是"不以物喜，不以己悲"处世态度的优势所在。

每个人都有自己的追求：有的人追求的是自己的梦想；有的人追求的是虚无缥缈的东西；有的人追求的是他人的赞美；有的人追求的是他人的认可。他人的认可对于这些苦于追求的人来说，就是一种人生的激励，有了这种激励，就有了努力的动力。有的人为了得到他人的认可，不断地努力，可最终也没有达到自己的目标，这多少让一个人觉得悲伤。殊不知一个人一生没有必要一味地祈求别人的认可，只要自己做到无愧于心就完美了。

没必要一味取悦他人

有的人为了得到他人的认可，一味地取悦于人，在取悦这些人的时候，他们不顾自己的尊严，不顾这种行为是否符合自己的心意。当他们得到了别人的认可后，便觉得这个世界是最美好的世界了，殊不知，当他们得到别人认可的时候，他们的心理也就进入了将别人的认可作为动力的境界，这样，这些人的心理必定会对他人的认可产生依赖性。

[做事要无愧于心]

人的一生是一个成长的过程，当成长的车轮无声地碾过岁月时，青春就像一页日历被翻落。当一个人在回忆自己往事的时候，如果做到了无愧于心，也就获得了真正的人生。

时光总是在生命的缝隙中轻轻流过，带给人们的是喜怒哀乐，带走的却是人们的青春与年华。当这一切都过去时，却发现人生竟有这么多的事情让自己觉得遗憾，使得自己有愧，这都是因为自己在过去做事的时候没有经过仔细斟酌，最终只能使自己悔恨。

有的人在为人处世时，从不考虑自己的行为会带来怎样的后果，也不考虑自己将来会不会后悔。一颗年轻的心不需要过多的修饰，只需要扪心自问，是否无愧于心，只要自己觉得无愧于心就可以了。

当努力过后，自己渴望的东西却没有得到，看到天边的残阳在自己的心中褪去颜色，那颗追逐的心才觉得真得累了，倦了……总以为得到他人的认可就可以得到人生的意义，到最后却发现事实并不是这样的。哲人说过，凡事不可强求，只要无愧于心就可以了。凡事不要强求，只要自己没有愧疚就好。

"人"字就两笔，却足够每个人用一生去书写。每个人的一生都会遇到这样或者那样的事情，将要遇到的挫折和困难也不计其数，每当自己身处逆境的时候，都要坚定自己的原则和信心。虽然在逆境中成长，只要我们坦然地面对命运，无论未来多么艰难，绝不可以放弃自己的人生志向，徒增自己的人生愧疚！

人生苦短，不过数十载，一个人到底是在愧疚中度过，还是在无愧于心中度过，这要看每个人的本心。如果一个人没有一颗懂得愧疚的心，便不会对自己做过的事情有功过评断，也就不会有愧疚的心理，所以，一个人做事要无愧于心。

不同的人在演绎不同的人生，但诸多的不同当中又有许多的相同。在人生的十字路口，有的人可以不假思索，有的人却在徘徊犹豫。不管做出怎样的选择，前提都应该是无愧于心。

无愧于心的心理可以让你做起事来更有精神，可以有足够的勇气和信心来应对生活中的一切。青春不怕苦，不怕累，就怕有悔，就怕有愧！

[不要总是追求他人的认可]

希望博得他人认可的心理是一种正常的心理，但是，一个人不能把所有的时间都花在寻求他人的认同上，因为这是一个疲惫的过程，一个身心皆疲惫的过程。如果你想得到幸福，你就必须抛弃追求他人认可的虚荣心，因为建立在他人认可之上的自尊和自信是不稳固的。

但丁说过："走自己的路，让别人说去吧！"这就告诉人们不要一味地追求他人对你的看法，做事要有自己的主见。得到别人的认可是要付出巨大代价的。

从生活的本质上来看，这样的追求并没有什么不对，但是，有些人为了得到他人的认可，会不做出一些违心的事情来，这反而使健康的心理走向不轨之路。

一个人一味地追求他人的认可，就会把自己的大部分时间用在努力征得他人的同意上，或者说用在了担心他人对你的反抗上。如果他人的赞同和认可组成了你生命中的必需，那么，你的人生恐怕要变得沉重得多，从此你的心理负担也要加重了。

如果一个人渴望得到他人的赞许和同意，一旦这个人的渴望得到了满足，这个人就会感到满足。但是，如果没有得到呢？你极有可能陷入无法摆脱的虚荣当中，一旦这个渴望无法得到满足，自己便会觉得自己的心理受到了伤害。

如果苦苦追求还没有得到自己想要的东西，到头来得到的却是一身的伤痕，这又是何苦呢？这样的人生有什么意义呢？所以，不用一味地祈求别人的认可，只要自己做到无愧于心就行了，他人的看法又有什么值得在乎的呢？

心理小贴士

人的一生有很多要做的事情，追求他人的认可不是唯一可做的事情，人的成功心理不一定需要他人的认可来满足，只要自己做的事情不违背道义，不违背道德，不违背社会的价值和道德的标准，就没有必要将他人的看法看得那么重。与其有那些时间来研究他人的思想和心理，倒不如多花点时间来让自己保持健康的心理，这样的人生恐怕要比前者有意义得多。

学点为人处世心理
使你如虎添翼

———— • ————

3

在当今社会，你可以才疏学浅，但不能不会处世。一个人能取得多大成就，说到底，取决于他如何做人和处世。过分的方正是固执，会四处碰壁；过分的圆滑是世故，也会众叛亲离。因此，处世的技巧是心理学中隐含的内容，点点滴滴，尽显睿智。掌握为人处世心理学会使你如虎添翼，你的人生将更上一层楼！

心理暗示，是指人接受外界或他人的愿望、观念、情绪、判断、态度影响的心理特点，是人们日常生活中最常见的心理现象。它是人或环境以非常自然的方式向个体发出信息，个体无意中接受这种信息，进而做出相应的反映的一种心理现象。

积极地自我心理暗示

曾经有许许多多的思想家、传教士和教育者都一再强调信心与意志的重要性。但他们都没有明确指出：信心与意志是一种心理状态，是一种可以用自我暗示诱导和修炼出来的积极的心理状态。心理暗示的作用是巨大的，它不但可以影响一个人的心理与行为，还能影响人体的生理肌能。消极的心理暗示可以干扰一个人的心智、行为及其生理肌能；而积极的心理暗示则能够改善一个人的心智和行为。坚持积极的心理暗示对个人获得成功十分重要。

[心理暗示的正反两方面作用]

消极作用：

从心理学的角度出发，心理暗示的消极作用有多种，"假孕"就是一种典型的消极心理暗示现象。它是指有些已婚女性结婚后很想怀孕，由于焦虑而十分害怕月经按时来潮，而使怀孕失败。由于存在这种迫切的心情，所以，当自己月经过期未来，就觉得自己怀孕了。接下来便开始出现厌食、恶心、呕吐，爱吃带刺激性味道的食物等一系列症状，于是到医院就诊。结果，经过医生的检查和化验后，发现并不是怀孕。这是因为想怀孕的强烈愿望及焦虑的心理因素，破坏了人体内分泌功能的正常进行，尤其是影响下丘脑垂体对卵巢功能的调节，使体内的孕激素增高，排卵受到抑制，从而出现暂时闭经的结果。

所以，心理暗示的消极作用就是体现这样一种心理变化的过程。

积极作用：

积极的心理暗示可以发掘出人的记忆潜力。曾有这么一个试验：分别让两组学生朗读同一首诗。第一组学生在朗读前，主考官告诉他们这是著名诗人的诗，这就是一种暗示。而对第二组学生，主考官却说不知道这是谁写的诗。待学生朗读后立即让学生默写。结果显示，第一组的记忆率远远高于第二组。这说明权威的暗示可以影响学生的记忆力。可见，掌握好了积极的心理暗示，对求职面试、考试、重要比赛、睡眠等都会产生出意想不到的效果。

同样，积极的心理暗示有时还能够产生巨大的力量，甚至创造奇迹。

曾经有一个人到医院就诊，向医生诉说自己的身体很难受，百药失效。一番检查过后，医生发现此人患的是"疑病症"，是心病。后来医生告诉他："你患的是一种综合征。我这里刚好有一种刚刚试验成功的特效药，专门用于治疗你这种病，注射一支，保证你三天后就康复。"打完针三天后，患者果然痊愈。其实，医生所谓的"特效药"不过是普通的葡萄糖注射液而已，真正的"特效药"是积极的心理暗示。

[几种快乐的心理暗示]

第一，心理学有一种心理治疗方法叫做"内省法"，它是这样一种方法：放松心情，冷静细致的观察自己的内心世界，把观察结果如实讲出。通过这种方法可以使紧张的情绪得到释放，获得一种轻松感。

第二，我们要学着把每一次失败都当作是最后一次，在自己最不开心和失败时告诉自己："这已经是最糟糕的了，再不会有比这更倒霉的事情发生了。"那么，"最糟糕"的事一旦发生，就再也没有比这更可怕的了。通过这种方法可以增强自己内心的安全感并树立自信心。

第三，注意不要总向自己强调负面结果。我们不要总是给自己一些这样的提醒"昨天我就是在这里摔倒的"、"这段路总是出交通事故"等等。因为这种提示只会增加你的紧张感，它对于事情的进展并没有任何帮助。试着用一些积极性的暗示给自己鼓励，此时，不妨这样想："走稳点就不会摔倒了"，"减慢速度就不会出事故了"等等。

第四，用"汽车预热"方式调整心情。作为司机都知道，汽车在上路之前都要进行发动机预热，从而保证汽车良好的行驶状态。做事情也是同样的道理。经过了周末的休息调整，全身心都得到了放松和解脱，因此，周一的时候心情难免会感到紧张。这时，不妨先做些与工作无关的事，比如先与同事进行简单交流，或是翻阅一下以前的工作日志等，当自己的心情得到"预热"之后，再以最好的状态投入到工作中去，发挥自己最大的激情和能力。

第五，几乎每个人的情绪都有一个周期性的波动，有时人们难免会陷入莫名的情绪低迷阶段。这时不妨先做些简单的工作，而不要给自己增添过重的负担，把那些令你感到棘手的问题放到自己情绪高涨的时候再去处理。因为心情好的时候脑子往往比沮丧和焦虑时更加好使，处理起问题自然不费力气。

第六，不要总是给自己贴上失败的标签。别总是对自己说"我的能力实在不行"、"我缺乏变通的技巧"、"大家都不喜欢我"等等。要知道，很多时候真正能够击倒你的人恰恰就是你自己。因此，不要总是给自己贴上"这不行、那不行"的失败"商标"，多给自己一些激励与信心，相信自己并不比别人做得差，成功一定会属于自信的人！

[积极的自我心理暗示法]

积极的自我心理暗示是通过语言、思想对自己施加影响以达到心理卫生、心理预防和心理治疗目的一种办法。积极的自我心理暗示可以调适你的心情、感情、爱好、意志甚至提高一个人的工作能力。当你身处紧张的考场中时，反复对自己说"我要沉着、沉着"；当你面对荣誉的时候，要告诫自己"我一定要谦虚"；而当你遭遇失败时，不妨试着安慰自己"光明就在眼前，我要继续努力"等等，这些都是进行积极的自我心理暗示的方法。

学习自我暗示需要拥有坚强刚毅的意志，要对自己及自我暗示有坚定不移的信心，并在实践中进行锻炼，使自我暗示得到恰如其分的应用。

下面介绍两种具体的自我暗示的方法。

1. 冥想放松法。

找一件真实的物品，比如某种球类，某种水果，或者其他的小块物体，来发挥自我想象的能力，具体做法是：

第一步：凝视手中的苹果（或其他物体），反复、仔细地观察它的形状、颜色、纹理脉络；然后用手触摸它的表面质地，是光滑还是粗糙，再闻闻它有什么气味。

第二步：闭上眼睛，用心回忆一下这个苹果都给你留下了哪些印象。

第三步：放松肌肉，排除一切杂念，想象自己钻进了苹果里。那么，想象一下，里面是什么样子？它给你一种什么样的感觉？它里面是什么颜色？和外面的颜色一样吗？然后再试想自己已经品尝到了这个苹果的滋味并记住它。

第四步：想象自己此时已经从苹果里面走了出来，一切都又恢复了原来的样子，回忆自己刚刚在苹果里面的所见、所尝和所感，深呼吸5次，慢数5下，慢慢睁开眼睛。这时你便会感到头脑清晰，全身心都很轻松。

2. 自主训练法。

自主训练法又叫适应训练法，其做法如下：

第一步：取坐姿，轻轻地把背部靠在椅子上，颈部挺直，头部稍稍前倾，两脚摆放与肩同宽，脚心贴地。

第二步：将双手水平置于大腿之上，闭上眼睛，做3次深呼吸，摒除一切杂念，将注意力集中于两手及大腿的边缘处，再把意念排导于手心之中。

第三步：一段时间之后，你会感觉到，注意力最先集中的那个地方给你一种温暖的感觉，这种感觉会慢慢扩散至整个手心。此时，在心里反复默念："把心静下来，静下来"，双手就会都跟着暖和起来。

第四步：深呼吸5次，慢数5个数，睁开眼睛。

心理小贴士

大多数人的生活境遇，既非一无所有，一切糟糕，但也并非什么都好，事事如意。这种一般的境遇相当于"半块蛋糕"。你面对这半块蛋糕时，心里会产生什么念头呢？消极的自我暗示是为少了半块而不高兴，情绪消沉；而积极的自我暗示是庆幸自己已经获得了半块蛋糕，那就好好享用，因而情绪振作，行动积极。因此，我们要坚持在心理上进行积极的自我暗示，去做那些你想做而又怕做的事情，尤其要把羞于自我表现，惧于交际，改变为敢于自我表现，乐于与人交往，那么，终有一天你将获得成功！

首先，请检查一下自己或是身边有没有这样一种人：他总是把朋友当成是受伤后的拐杖，需要的时候用一用，一旦自己伤好复原就立马扔掉。有这种做人态度的人可要注意了，经常这样的话你最终将被众人所抛弃，没有人会再愿意帮你的忙，若是哪天你想去施恩，怕是也没人愿意接受你的情。要知道，人情就是财富。人际关系中一个最基本的目的就是结人情，有人缘。

人情即人际

俗话说得好："在家靠父母，出门靠朋友"、"多个朋友多条路，多个敌人多道墙"、"要想人爱己，己须先爱人"。做人应当时刻存有乐善好施、成人之美之心，才能为自己多储存些人情的债权。这就好比一个人为防不测，须养成"储蓄"的习惯，不只对自己有益，还会让子孙后代得到好处，正所谓"前世修来的福分"。

[给人情，留后路]

在日常人际交往中，如果有人需要帮忙，就要像一只松鼠扑向地球上最后一粒松子那样。因为人情就是财富，人际关系的一个最基本的目的就是结人情，有人缘。

战国时期，有一次，中山国国君设宴款待国内的名士。不料在宴会上却出现了羊肉羹不足的情况，因此，无法让在场的人全部品尝到羊肉羹。

司马子期便是其中一个没有喝到羊肉羹的人，他因此怀恨在心，便到楚国竭力劝说楚王攻打中山国。

对于强大的楚国而言，攻打中山简直易如反掌。因此，中山被攻破，国王逃到国外。他逃走时发现有两个人手拿武器跟随他，于是，中山国国王问道："你们跟来做什么？"两人答道："我的父亲曾经因为获得您赐予的一壶食物而免于饿死，父亲临终前曾嘱咐我们，中山若是有难，我们二人必定要竭尽全力，拼死报效于您。"

听完此言，中山国君感叹地说："给予不在乎数量多少，而在于别人是否需要。施怨不在乎深浅，而在于是否伤了别人的心。我因为一杯羊肉羹而亡国，却由于一壶食物而得到两位勇士。"

这段话道出了人际关系的微妙，给别人施予恩情便是给自己多留一条后路。即便是对一个陌生人很随意的一次帮助，可能也会使那个陌生人突然悟到善良的难得和真情的可贵。而当他看到有人遇到难处时，他会很快从自己曾经被人帮助的回忆中汲取勇气和力量。

[做一个有情有义的人]

一个没有人情味的人，是永远处理不好自己的人际关系的。人际关系的处理方式中是包含着很多学问的。比如说，在你帮助了别人之后，最好不要过于"挑明"，否则容易伤人自尊；当你对别人施加恩惠时也不能一次过多，不然会给对方造成负担，反而不利于双方关系的维持。那么，究竟该怎么做才能让人觉得你是一个有情有义的人呢？

想要做一个有情有义的人就从以下几点做起：

第一，与朋友相处要同舟共济。朋友之间的交往，尤其是在困难环境中的交往，必须注意要采取一种合作的态度，相互支持，相互帮助，相互关照，只有这样做才最容易产生感情，从而建立起深厚的情谊。

第二，千万不能有"一次性交际的心态"。给对方一包烟，请对方吃一次饭，这并不是增加情感账户的真正含义。当你知道对方有困难需要你的帮助时，作为知情者不要无动于衷，要向对方主动伸出援助之手。这样做会为你赢得更好的"人情效应"，或许受到帮助的人一时没办法予以回报，但你的乐于助人、豁达高尚的品质一定会成为大家的美谈。

第三，口渴以后再送水。试想对于一个快要饿死的人，一包饼干、一瓶水和一沓钞票哪个更能让被救助者感激你一辈子。在工作中，我们应该尽量先帮助别人处理那些紧急且非常重要的事，这样做无论对于事情本身还是存储人情都是件好事，这即是"口渴以后再送水"的道理。

第四，要雪中送炭。当一个人身处困境之时，他需要的并不仅仅一颗同情心，而是具体有效的解决困境的方法来帮助其渡过难关。这种救人于危难之中的行为才能够激发出受助者内心深处的感激之情，以至于终身不忘。

第五，注意培养与同事之间的共同爱好。共同的爱好、兴趣可以成为彼此建立交情的纽带。比如下棋的棋友、打牌的牌友、钓鱼的钓友等等，通过一些共同的爱好把彼此联系起来，在进行切磋的同时也增进了友谊。

心理小贴士

在处世中要注意避免出现如下心理，否则你将会得不偿失。第一，给人帮忙后不要使对方觉得接受你的帮助是一种负担；第二，要做得自然，也就是说，当时对方或许无法强烈地感受到，但是日子越久越体会出你对他的关心，能够做到这一步是最理想的；第三，帮忙时要高高兴兴，不可以心不甘、情不愿。总之，人际往来，帮忙是互相的，切不可像做生意一样赤裸裸地，忽视了感情的交流，这会让人兴味索然，彼此的交情也维持不了多长时间。

人们在工作和生活中难免会遇到一些不顺心的事，更会遇到一些不喜欢的人。然而，很多时候，这些不喜欢的人恰恰与你的工作、学习或是生活分不开。出现这种情况自然很让人头痛，这种事情，如果处理不好，会给自己的工作、学习以及生活带来诸多不便。

道不同也能相谋

"居不必无恶邻，会不必无损友，惟在自持者两得之。"这句话出自明代文学家和书画家陈继儒之口。意思是说，居住不一定非要没有坏邻居的地方不可，聚会也不一定要避开有害的朋友，能够自我把握的人同样能够从恶邻和坏朋友中吸取有益的东西。因此，对于自己不喜欢的人，要试着去发现他们身上的优点，而不要把眼光全部放在自己讨厌的地方，这样对人对己都是有利的。

[厌恶心理要不得]

生活中，人人都喜欢和自己志同道合的人打交道，但对于那些"志不同道不和"的人却置之不理，事实上，这种做法只能让我们少一些快乐，多一些烦恼。

美国成功学家马尔善曾说过这样一句话："如果你个性开朗，能够和各种人交往，那你就会因为交友广阔而获益匪浅。"他还说："某些人认为世界上最大的快乐就是和自己志同道合的人建立友谊，抱有这种思想的人，永远也不会体会到结交'三教九流'等各色朋友的那种乐趣，例如：饲养员、私家侦探、伐木工人，这些人的生活多姿多彩，与他们交往能为你带来无限乐趣。"

"金无足赤，人无完人"，在日常工作和生活中，我们免不了要与各种各样的人接触，每个人都有自己的优缺点，有你欣赏的，也有你不喜欢甚至厌恶的，自己身上也同样会有别人不喜欢或是厌恶的地方。尤其是在工作中，有太多的利益冲突，言语稍有不慎就容易引发争吵，从而产生仇恨而打心眼里讨厌一个人。

但事实证明，讨厌一个人却是一件损人又不利己的事。同一屋檐下，大家低头不见抬头见，对于一个一般的同事，当他做什么事的时候你可以视而不见，或是点点头一笑置之。但如果他是一个令你讨厌的人的话，只要一见到他你就会产生很多的心理变化，他的一言一行、一举一动都会令你感到厌烦或是生气，想把他当空气都不行。他就好比你的眼中钉肉中刺，他的出现会让你感觉很不舒服，甚至做起事来都会不理智，而你的厌恶情绪却对这个人产生不了丝毫的影响，讨厌一个人只会让自己的心灵饱受折磨。

所以，千万不要轻易去讨厌一个人。对于自己不喜欢的人，要学会用一颗公正的心去对待，而不要让他成为你生活、工作上的绊脚石。一个能够和各式各样的人打交道的人，肯定是一个快乐和大度的人，也是一个会感到很满足的人，因为你能够从融洽的人际关系中汲取"报酬"。

[如何与不喜欢的人打交道]

一个人若想在工作中有突出的表现，就必须学会与自己不喜欢的人打交道，因为这样，工作中就会多一份力量，少一份阻力，工作做起来才会得心应手。

相遇本身就是一种缘分，彼此相处融洽并不一定是因为对方的德行很高，只能说是对方身上的某一种特质是自己所赞同或欣赏的；同样，彼此之间的不融洽也并不一定是因为对方德行很低，而只能说明对方身上的某一特质是自己所不喜欢的，从而将其扩大化。那么，如果遇到了自己不喜欢的人该怎么和他打交道呢？

首先，你要明白，究竟是什么原因使你对他如此反感。这时，你不妨静下心来仔细想想这个人的特点像谁？你对他有怎样的感受？你与他又会有怎样的互动模式？

例如，小张总是和公司里的一个主管领导搞不好关系，因为这个领导是一个没多大本事却喜欢管这管那的人，这让小张极其反感。然而，经了解得知，小张之所以会有如此反应是因为他有一位懦弱又专制的父亲，从小深受父亲的严厉管教和责罚之苦，因此成年后便会不自觉地把对父亲的愤怒转移到这位具有类似特点的领导身上。

弄清楚原因方可对症下药，从而建立起和谐的人际关系。

其次，有时候你不肯接纳别人身上的某个特点，实际上是因为在你自己的潜意识里就有着类似的东西，因为不接纳自己，所以才会如此不接纳别人。

当你领悟到这些原因之后，再去和自己不喜欢的人打交道时，心态就会变得轻松些。

心理小贴士

人际关系中存在的矛盾常常是"一个巴掌拍不响"。如果只知道用冷漠和敌意对待对方的话，只会进一步把对方推到自己的对立面，如果能够尝试以德报怨，用温和与友好来面对不喜欢的人的"找茬儿"，相信你的对手会逐渐感受到你的善意，进而与之建立一种遇到问题对事不对人的健康人际关系。但如果你的厌恶情绪比较严重，已经影响到了工作和日常生活，通过以上方式得不到解决时，也可以向专业的心理医生寻求帮助，进行专业的分析和调节，从而拥有健康的心理状态。

世界上有成千上万的人，他们虽然在能力上出类拔萃，但却因为犹豫不决的行为习惯而使自己最终沦为平庸之辈。很多时候，优柔寡断这个词语往往和没出息联系在一起。因为优柔寡断就意味着不能勇于面对失败，不能把握好成功的机会，以至于原本很不错的基础因为优柔寡断而失去了优势，这样的性格是你成功路上的绊脚石。因此，我们必须抛弃这个坏习惯，即使身处混乱之中也必须做出果断的选择。

当断则断，心动不如行动

优柔寡断的人往往思想、情感不集中，且难以有明确的指向；遇到事情时，在各种动机、不同目的以及不同手段之间常常犹豫不决，无法做出取舍；对于自己所做出决定的正确性总是持怀疑态度，时常担心这种决定会给自己带来不利后果。这种情况下，即使做出一些决定也很难坚决执行。优柔寡断的心理时常会给学习和生活带来消极影响，从而丧失一次次良好的机会。

[从心理学角度来分析优柔寡断性格]

导致优柔寡断性格的原因从心理学角度来看主要有以下几点：

1. 认识障碍

心理学认为，对问题的本质缺乏清晰的认识是导致遇到事情拿不定主意并产生心理冲突的原因。

通过观察我们不难发现，优柔寡断大多发生在年轻人身上，因为他们涉世未深，对某些事物缺乏必要的经验和知识。

2. 情绪刺激

所谓情绪刺激实际上就是"一朝被蛇咬，十年怕井绳"这样一种心理。一旦遇到类似的情境，便会产生消极的条件反射，因而踟蹰不已。

3. 性格特征

通常说来，凡是优柔寡断的人几乎都具有如下一些性格特征：缺乏自信，感情脆弱，易受暗示，在集体中随大溜，过分小心谨慎等等。

4. 缺乏训练

这种人从小在家庭中备受溺爱和关注，一直过着"衣来伸手饭来张口"的生活，缺乏独立性，对父母的依赖性较强，一旦踏入社会，遇到事情时就容易出现优柔寡断的现象。

而另一种情况则是由于小时候家庭管束太严，以此种教育方式教出来的人只能循规蹈矩，不敢越雷池一步。一旦情况发生变化，他们就担心自己不合格，以致在行动上左右徘徊，拿不定主意。

典型案例

案例一：晨辰是一位大学生，性格内向，不过为人善良，行为端正，别人让他干什么，即使心里不太愿意，他也很少拒绝。

在期末考试前的一个周末，晨辰安排了满满一天的学习任务，他打算上午背两个小时课文，写篇作文，再练会儿毛笔字；下午复习数学，晚上再复习一些别的科目。然而上午，同学到家里找他一起踢球，想想自己的计划，晨辰原本并不想去，可是又不好意思拒绝，便勉为其难去踢球了，结果整整一个上午全耗费在了操场上。

既然已经耽误了上午，那下午就好好利用吧，谁知道刚想学习电话又响了，好友小林邀请他一起去看电影，想想已经浪费的一上午，晨辰便拒绝了，可是经不住小林的再三劝说，心一软又去看了电影，结果也没有复习好。

分析：与优柔寡断相反的品质是意志果断。从心理学的角度来看，意志果断的人在遇到事情时能够及时、坚定、正确的做出决定，并且毫不迟疑地采取措施来执行这个决定。当然，果断需要建立在对问题情境准确分析的基础之上，而不是一种盲目的行为。

对于学生而言，由于缺乏知识经验，不善于仔细、全面地考虑问题，因此他们在采取和执行决定时，容易受外界和自己情绪的影响。案例中的晨辰最明显的一个特点就是遇事犹豫不决，缺乏果断。

案例二：华裔电脑名人王安博士在成名之后曾经回忆起这样一件令他印象深刻的事：5岁那年，在路边玩耍的时候从树上掉下来一个鸟巢，里面还有一只没长翅膀的小鸟。他觉得小鸟非常可怜，就打算把它带回家去想办法。当他走到家门口时突然想到妈妈从来不让自己在家里养小动物，几经犹豫之后，他决定先把小鸟放门口，等跟妈妈商量好了再把它带进去。

然而，当他获得许可出来取小鸟的时候，小鸟却不见了，只剩下一只黑猫在那里意犹未尽地舔着嘴巴。为此，王安伤心了很久。他从中得到了一个教训：凡是自己认定的事绝对不可以优柔寡断。犹豫不决或许可以避免你去做一些错事，但同时也会使你丧失成功的机会。

分析：优柔寡断的人往往性格软弱，不敢坚持自己的意见和表明自己的态度，总是过于在意别人的看法，于是，不仅仅因为自己内心的斗争而感到困扰，还经常被别人的意见所束缚。

人人都有自己的观点，经过周密考虑之后，如果认为自己的意见是正确的，就应该毫不犹豫地坚持下去，尤其是当你作为一名决策者时，很多时候你的责任就是坚持一个正确的观点。

[如何克服优柔寡断的性格]

要想克服优柔寡断的性格可以从以下几个方面做起：

第一，注重培养自己自信、自主、自强、自立的勇气和信心，培养自己性格中意志独立的良好品质。

第二，面对取舍的时候，不要总是追求尽善尽美。要知道，"金无足赤，人无完人"，只要不违背大原则，就可以决定取舍。

第三，锻炼自己的胆识。心理学认为，一个人的决策水平与其所具有的知识经验有很大关系。一个人的知识经验越丰富，其决策水平就越高；反之则越低。这也就是俗话所说的"有胆有识，有识有胆。"

第四，遇到事情主动思考。平常多动脑筋，勤学多思，才是关键时刻有主见的前提和基础。

第五，保持一颗冷静的头脑。排除外界干扰和暗示，稳定情绪，由此及彼、由表及里地仔细分析，有助于培养果断的意志。

第六，当你拿不定主意的时候，不妨相信自己的感觉，跟着感觉走，成功与失败都不再重要，至少自己曾经努力过。

心理小贴士

生活中，做任何事情最忌讳的就是优柔寡断，一旦背上想赢怕输的包袱，就会让自己一次次错过机会。不怕犯错、及时修正错误、汲取经验教训，才能不断地前进。要想把握住生命中的幸福，把握住每一次成功的机会，就要该决定时就决定，凡事要当断则断，心动不如行动！

　　世界上任何一个人的情绪都会时好时坏。有时候，人的感情就像波纹一样显示在脸上，伤心就哭，高兴就笑，让别人一眼便洞察了他内心的动态；也有些人很会控制自己的情绪，不会轻易表露自己的喜怒哀乐。在社会交往中，控制情绪是一件很重要的事情，年纪大的人一般都能很好的控制自己的情绪，因为他们有防范心理，所以不易被外界刺激牵动自己的情绪，而学会控制情绪是我们成功和快乐的要诀。

别把你的内心全透露在脸上

　　哈佛大学心理学博士戈尔曼曾指出，情绪能够影响智力水平的发挥。当一个人处于焦虑、愤怒、沮丧的情况下，很难有效地从事正常的工作和学习。

　　无论是生气还是哭泣，都不是无缘无故地产生的，而是一个人思维活动的结果。情绪通常包括正面情绪和负面情绪。所谓正面情绪就是指对我们成功和快乐有帮助的情绪，如幸福、愉快、自信、感恩、爱、乐观等；而负面情绪则是指那些带给我们不舒服不愉快感觉的情绪，它常常会对我们的成功和快乐起妨碍作用，如愤怒、悲伤、自卑、生气、失望、懊悔等。我们要改变或控制情绪，实际上就是想办法把负面情绪转化为正面情绪。

[当你产生情绪的时候]

　　生活中，因当事人不能克制自己的情绪而引发争吵、咒骂、打架甚至流血冲突的情况屡见不鲜。有时候仅仅是因为不小心踩到了脚，或者言语上一句不恰当的话就引发一场口舌大战。在如今的社会治安案件中，也有相当一部分是由于当事人不能够控制自己的情绪所致。如果在生活中你能够注意去培养自己控制情绪的能力，那么，当有紧急状况发生时，你也能做到处乱不惊，保持镇定了。

七情六欲，人皆有之。在遇到外界的不良刺激时，我们难免情绪激动，易火易怒。但这种情绪不能够任其放纵，因为它可能使你丧失冷静和理智，从而做起事来不计后果。因此，当遇到事情的时候，面对人际关系矛盾要学会克制和忍耐，不要一点就着火。

1. 当你伤心的时候

友谊、爱情、地位或自尊心等，对于这些，每当人们有所失去的时候就会觉得伤心。这个时候，你要设法找出自己失掉的是什么？这种失去会对你造成什么样的影响？这些失去的东西曾经满足过你哪些需要？失去这些之后今后能在什么地方取得补偿？

当你理清了思路找到了伤心的根源的时候，相信问题就会很容易得到解决了。

2. 当你焦急的时候

当一个人在害怕伤害或是有所丧失的时候，就会变得焦急、忧虑、恐惧或紧张。如果你感到焦急，首先设法确定你害怕丧失的是什么？是别人的爱或是照顾？是对境况和对自己本身的控制还是做人的自卑心和价值感？想想有什么能够帮助你避免损失或是有什么应变的方法。不要因为害怕而逃避，选择逃避只会把事情变得更糟，问题也更加难以解决。

3. 当你愤怒的时候

当有人得罪你的时候，往往会使你发怒。在发怒时请先自问是谁得罪了你？怎样得罪的？你对他说了些什么？你本来是打算说什么的？为什么没有说呢？……弄清楚原因再说，不要因为一时冲动而使自己追悔莫及。

4. 当你内疚的时候

如果一个人的愤怒不能得到及时的适当的发泄，就很容易转回来对付自己。当一个人对自己发怒时，就会产生内疚心理，从而把每件不如意的事都归咎于自己。当你感到内疚的时候就要设法找到让你感到内疚的根源，查出心灵所受到的伤害并找出造成伤害的原因，适当地进行发泄。

[如何控制自己的情绪]

和其他一切心理活动一样，人的情绪是同神经系统有关的，大脑皮层下的神经过程在情绪的生理基础上起着重要的作用。这就决定了人能够主动地控制和调节自己的情绪，可以用理智来驾驭情绪，使自己的情绪逐渐稳定起来。当你产生不良情绪时应该有意识地从以下几个方面做起：

1. 转移注意力，避免二次刺激

当你悲伤、忧愁、愤怒的时候，在你的大脑皮层中常会出现一个强烈的兴奋灶，如果能有意识地调控大脑的兴奋与抑制过程，使兴奋灶转换为平和状态，则可能保持心理上的平衡，使自己从消极情绪中解脱出来。

例如，当你苦闷、烦恼的时候，尽量不要再去想引起苦闷的事，避免烦恼的刺激，可以有意识地听听音乐、看看电视、翻翻画册、读读小说等，强迫自己转移注意力。这就可以把消极情绪转化为积极情绪，淡化乃至忘却烦闷。

再如，遇到棘手的事情，先不要想它，给自己的思维插上翅膀，自由畅想，到幻想世界中去遨游；也可与他人漫无边际地畅谈，免得在难解的事上钻牛角尖，给自己带来无端的烦恼。当自己心态平和的时候再去解决问题、化解矛盾，这样往往能得到更加满意的效果。

2. 用理智去控制，进行自我降温

心理学中对理智控制的解释是这样的：所谓理智控制是指用意志和素养来控制或缓解不良情绪的暴发；而自我降温则是指努力使自己激怒的情绪降至平和的抑制状态。

对于一个理智的人来说，他总是能及时意识到自己情绪的变化，当怒起心头之时便马上意识到不对，从而迅速冷静下来，主动地控制自己的情绪，用理智来减轻自己的怒气从而保持稳定的情绪。

3. 宽容大度，克己让人

生活中总会有让人喜怒哀乐的事情发生，所以，我们要注重涵养，消除郁郁寡欢的心境和私心杂念，对于自己易怒的事情要用豁达乐观、幽默大度的心态去应对，经得起挫折。这样做可以使原本紧张的事情变得非常轻松，使一个原本窘迫的场面在幽默中得到化解。

心理小贴士

　　情绪是人们对于客观现实的一种特殊的反应形式，是对客观事物是否符合自己需要而产生的心理体验。良好积极的情绪能够成为事业、学习和生活的内驱力，而不良消极的情绪则会对身心健康、人际交往等产生破坏作用。因而，不断把自身情绪提升到有益于个人进步和社会发展的高度是十分必要的。

人生面临着无数的选择，放弃则是一门选择的艺术，是人生的一门必修课。从小到大，我们接受到的都是不放弃、坚持到底之类的教育，其实，很多时候，我们更需要学会如何放弃。要知道，小溪放弃平坦，是为了回归大海的豪迈；黄叶放弃树干，是为了期待春天的葱茏；蜡烛放弃完美的躯体，才能拥有一世光明；心情放弃凡俗的喧嚣，才能拥有一片宁静。很多时候苦苦挣扎，拼得你死我活，倒不如潇洒地挥一挥手，勇敢地选择放弃。

坚持有时，放弃有时

司马相如曾经说过这样一句话"明者远见于未萌，智者避危于未形。"只有学会放弃，才能使自己变得更加宽容和睿智。

[该放弃时则放弃]

非洲人是这样捉狒狒的：他们故意让躲在远处的狒狒看到他们把好吃的食物放进一个口小里大的洞中，然后佯装离开。那些狒狒等到人们走远了之后，便欢蹦乱跳地来到洞口，将它的爪子伸进洞里紧紧抓住食物。然而，由于洞口太小，它紧握的拳头根本无法从洞中抽出。这时，人们便不紧不慢地来收取猎物，一点儿也不担心狒狒会跑掉。

因为狒狒舍不得洞中那些可口的食物，情况越是紧急，它就把食物抓得越紧，爪子自然无法从洞中抽出。

正是由于舍不得放弃这种心理的存在，才最终使它失去自由而被轻易俘获。所以，有时不懂得放手会导致悲剧的发生。

1955年，许光达被授予大将军的头衔，当其得知这一消息后反而感到十分不安。当即便给毛主席和中央军委写了一封《降衔申请》，信中这样写道："高兴之余，惶惶难安。我扪心自问，论德、才、资、功，我佩带四星，心安神静吗？此次，按新民主主义革命时期功绩授勋。回顾自身历史，对中国革命的贡献，实事求是地说，是微不足道的。不要说同大将们相比，就是与一些资深的上将比，也自愧不如。为了心安，为了公正，我曾向贺副主席申请：授予我上将军衔，另授功勋卓著者以大将。"

许光达这种具有大舍得、大境界的人是非常值得人们敬重的。敢于放弃，是一种明智的选择，是一种境界，是一种更实际、更科学、更合理的追求。

[放弃也是一种智慧]

老子曰："五色令人目盲；五音令人耳聋；五味令人口爽；驰骋畋猎令人心发狂；难得之货令人行妨。"人们所追求的精神境界看似玄虚，实际上大都有具体的指向，面对大千世界的种种诱惑，有时舍得放弃也不失为一种智慧。

居里夫人的客厅里通常只摆放着一张简单的餐桌和两把旧椅子，并没有任何奢华的装饰。用她自己的话说就是"我生活中永远是追求安静的工作和简单的生活。"鲁迅先生也曾说过"生活太安逸了，工作就会被生活所累。"是的，为了自己高尚的追求，他们放弃了享受安逸的生活，从而把更多的时间和精力投入到自己所毕生奋斗的事业中去，获得了巨大成就，他们的这种放弃为人生做出了精彩的诠释！

在缤纷多彩的世界里，每个人的心理都各不相同，好似大海一般变幻莫测。倘若让自己跟着诱惑走，被形形色色的欲望和身外之物所束缚，紧紧抓住名利的缰锁，这也放不下，那也舍不得，为了功名利禄一路狂奔，这样的话就很难感受到生活的绚丽和多彩。我们不妨把身外之物看得淡一些，一切顺其自然，就不会把有限的生命搅到无限的名利中去，也不会为了职务的升迁而劳神费力、刻意追求。

能放弃的时候要舍得放弃。保持一种淡泊、旷达的心境，把名利看得淡一些，用更多的时间净化心灵，陶冶情操，专注于自己的精神生活，而不要成为金钱和欲望的奴隶。浩瀚的宇宙虽然很大，但它对于我们每一个人都是一样的，而能否在宇宙这个大空间中找到自己的支点并且在上面站稳才是问题的关键所在。

"无欲自然心如水，有营何止事如毛"，在欲壑难填、混沌纷扰的世界，要始终保持一份清心寡欲的高洁。用自己宁静的心态来面对纷呈的生活，以平常的心态来面对世间的一切。

倘若错过了花开，等待你的将是丰硕的果实；倘若错过了太阳，你还将看到璀璨的星光。追求与放弃都是正常的生活态度，有所追求就应有所放弃。有价值的人生，需要开拓进取、成就事业，但更要懂得正确和必要的放弃，要知道，放弃也是一种智慧。

有时候，放弃是为了下一步更好的坚持。智者曰：两弊相衡取其轻，两利相权取其重。懂得生活的人，懂得坚持也懂得放弃。真正能感悟生活的人，懂得人生是有得有失，有舍有得的，并且知道它们之间是可以相互转化的。许许多多的成功人士都曾体会到过这一点：有时候选择放弃比选择坚持显得更加重要。

人生其实就是一个不断放弃而又不断获得的循环往复的过程。只有豁达的人才会懂得"舍"与"得"的人生哲理。

心理小贴士

无论是在生活还是工作中，很多人在放弃一些看起来还不错的事情时，往往会表现得犹豫不决，这正如面对鸡肋，食之无味，弃之可惜。但如果你不能果断地放弃，你就不会得到更好的选择，更不会得到好的结果。因此，一个人一定要有懂得放弃、敢于放弃、果断放弃的心理，这样才会使内心达到一种平和的状态。

每个人身上都会存在着这样那样、或大或小的缺点和毛病，因此，在日常工作中就难免会犯错误。受到领导的批评，这本来是很正常的事，可有的人却不能够以正常的心态来看待，他们感觉自己丢了面子，抬不起头来，担心会影响到自己进步，从而背上了思想的抱负。固然，受批评是件让人不愉快的事情，但坏事是可以变成好事的，可以把领导的批评当作你继续前进的动力，关键就是要调整好自己对待批评的心态。

正确看待被批

在日常生活和工作中，我们可能会受到一些来自不同方面的批评。给予我们批评的或许是长辈，或许是自己的上级领导，也可能是自己的朋友或同事。

通常，对于自己父母的批评，许多人都能够正确对待，无论父母的批评是对还是错，也大都可以接受，因为父母教育自己的孩子天经地义。而关系紧密的朋友或是交往不错的同事，来自于他们的批评人们也大都能够理解，坦然接受，即使可能一时接受不了，但也不会产生太多的想法。

而唯独对于领导的批评就不同了。当受到领导批评的时候，有的人可能当面不说什么，却在背后说三道四；有的人则会持满不在乎的态度，依旧我行我素；还有的人会一直耿耿于怀，记恨在心等等。总而言之，受到领导批评心里就是不高兴。这些人就要注意调整好自己的心态了。

[认识批评，从心理上接受它]

领导和下属之间，工作上有些磕磕碰碰在所难免，即使有摩擦也实属正常。"人非圣贤，孰能无过？"不同的人由于受自身文化学识、阅历经验、品德修养以及心态因素等方面的局限，对于有些问题往往自己意识不到，以致对工作造成过失而犯下错误，于是便遭到了领导的批评，这本是情理之中的事。

作为一名有责任心、讲原则的领导，当下属出现错误时就应该及时地予以批评，而不是对其姑息迁就。试想，如果领导对我们的错误视而不见，就等于是在放纵我们，于无形之中助了我们一臂之力，使我们更加快速地滑向错误的深渊，在错误的道路上越走越远，从而走上一条不归路。

因此，对每个人来说，都面临着一个怎样坚持真理、修正错误的问题。批评就好比医生给病人治病，是针对人们思、言、行上存在的"病灶"进行的，目的是要把病治好。有缺点毛病的人之所以要给予批评，就是要在其思想上引起震动，促使他能够认识到自己的错误之处，从中吸取教训，改掉坏毛病，从而在工作中更加出色。

同时，批评也是人生道路的"修偏仪"。恩格斯曾说："无论从哪方面学习，都不如从自己所犯错误的后果中学习来得快。"特别是对于年轻人，由于阅历尚浅，思想也不够成熟，做事缺乏经验，因此就更容易出现错误，这时对他的批评无疑是把他从偏差和错误上给拉回来，对于以后的成长是非常有益的。

另外，批评还可以作为维护纪律的"助推器"。无规矩不成方圆，违反了纪律就要受到批评，从而保持一种奋发向上的心态，当你思想"抛锚"时，批评会使你奋发进取，保持清醒的头脑。

所以说，要以一种正确的心态来面对领导的批评，使自己更加快速地成长起来，在工作中取得更大的进步。

[应该以怎样的心理来对待批评]

1. 虚心接受批评

对待批评要虚心，用宽阔的胸襟去接受和改正。领导的批评是对你真正的爱护和高度负责的体现，倘若在错误面前没有人吭一声，眼看你跌倒也没人扶，这才是人生最大的不幸。因此，只要是对自己有帮助的批评就应该"闻过则喜"。学会从错误中总结经验，吸取教训，用于指导自己今后的工作。

2. 勇于承认错误

面对批评要态度冷静，不要总想着为自己开脱和辩解，首先严格认真地检讨和反省自己，老老实实地承认错误。即使有时需要作出解释，但也要等承认错误、自我检讨之后，找到适当的场合和时机时再说明情况。

3. 学会变压力为动力

当你有了缺点、毛病，或是犯错误的时候，受到批评会感觉惭愧、内疚、悔恨，这种心情是可以理解的，但也不要长期背上沉重的思想包袱，这样对人对己都是不利的。鸟儿的翅膀挂上重物就难以高飞，鱼儿的尾巴拴上重物就难以畅游，人的思想若是压上沉重的思想包袱就不可能顺利前进。

面对批评，要善于变压力为动力，而没必要处于自责中无法自拔。

4. 用实际行动消除偏见

当一个人受到批评的时候，会有很多人给予热情的帮助，但有时也会遇到有些素质低的人的冷嘲热讽。出现这种情况的话也不必生气和懊恼，因为在别人的印象里，你的错误或缺点并不容易一下子消除，这些人往往会由于心理上的定势而长期地对你心存偏见，即所谓的"光环效应"。你应该做的就是吸取教训，用实际行动证明给他们看，只要能够长久坚持下去，那些人迟早会对你改变看法，对你刮目相看的。

心理小贴士

世上没有十全十美的人。当你由于自己的工作作风、工作经验、工作效率、工作质量以及其他方面的原因，尤其是因对领导的意图领会不够、客观条件影响、工作能力所限、思想精力不够集中等因素的影响，出现一些失误在所难免。因此，在实际工作中，一旦有人在工作中真的出现了失误，对于任何一个领导，肯定都会站在全局的立场上，对下属工作中出现的错误做出公正、客观的评价和善意的批评，并会及时地提出正确的建议和补救措施。这时一定要以正确的心理来对待，这样才能使你在工作中取得更大的进步。

"一个人没有个性，便失去了自己。生活之中，适当地改变自己的个性不是为了赶'时髦'，而是为了自我的完善，恰恰在这一点上，有一些人常常本末倒置。"——汪国真

低姿态，高收成

当今社会，把自己当回事的人不计其数，每个人都想极力表现自己，处处以自我为中心，毫不隐晦的彰显个性。有个性自然很好，但太过个性就会显得锋芒毕露，后果则是要么自惭形秽，要么就遭人反驳。因此，做人要懂得谦逊，别太把自己当回事，只有这样才能使我们的心理达到平衡的状态，才能得到健康的心灵。

[不要太把自己当回事]

一个人若是太把自己当回事就容易产生骄傲自满的心理，这种心理对于工作和学习都是一道障碍。这种人总爱凭着自己曾经取得的成绩自我感觉良好，一副目中无人的样子，从而导致在工作中不思进取，丧失更多进步的机会，使荣誉不能连续保持。

在新加坡，提起何晶可能知道的人并不多，她是随着李显龙的宣誓就职，才开始渐渐走到了新加坡的政治前台的。虽然大多数人认识她是通过李显龙的地位，但何晶本人却也是一个十分厉害的角色，因她为人低调而很少有媒体对其进行报导。

然而，细心者就不难发现，在美国《财富》杂志首次选出亚洲25位最具影响

力的企业家排行榜上，何晶排名第18位，与索尼集团行政总裁出井伸之、日本丰田汽车社长张富士夫及香港富商李嘉诚齐名。只是当时并没有多少人将她与李显龙联系在一起。

原来，何晶是新加坡官方最重要的投资控股公司——淡马锡控股公司的执行董事，掌管着新加坡遍布全球各地的数百亿美元资产。一次，何晶在接受媒体的采访时曾说："我和他（李显龙）时常意见相左，但我们在这些问题上常作有益的辩论。他虽然是财政部长，但也不能做任何片面决策，因为他只是一个团队的一分子。"

作为新加坡的第一夫人，何晶常常打扮朴素，她经常留着一头短发。她曾在美国接受电子工程教育，因此她也是一位出色的政府学者。在1985年嫁给李显龙时，李显龙刚以准将一职从军中退役，而当时何晶正在新加坡国防部任职。

她这种不把自己当回事的心理成就了她的人格魅力和事业的辉煌，从而受到了更多人的爱戴。如果总是把自己当成珍珠，那么就时时会遇到被埋没的危险；如果不把自己太当回事，坦诚平淡的生活着，也没有人会把你看得卑微、懦弱和无能。只有这样，才能不断地充实自己、完善自己，进而缔造一个完美人生。

[谦逊是受益终生的美德]

一个人要想在事业上取得成功，在生活中受人尊重，只懂得如何做事是不够的，还要学会如何做人。当工作中取得一点成绩时，切不可骄傲自满，总觉得自己高人一等，时间久了，大家就会对你产生一种排斥心理，工作做起来也会不如先前那么顺畅。

那种在业绩上出类拔萃的优秀员工固然是每个企业都需要和看重的，但企业绝不会喜欢总是以功臣自居，爱摆架子的人。在老板眼里，最重要的首先还是团队整体的平衡，而不可能为了少数的一两个人去伤害整个团队。真正优秀的员工是懂得把目光集中到自己的上司和所处的团队上的，而不是使自己成为引人注目的焦点。

在团队中真正受欢迎的还是那种低调、谦虚、不骄不躁的人，只有这样才会得到大家的信任和支持，从而成就你的事业。做人保持一个谦逊的态度，既体现出对别人尊重，又充分展示了真正的学实和胸怀。所以，在社会生活中，一个懂得谦逊的人必定能受到大家的爱戴和拥护。谦逊是一种美德，更是一种教养。

能否保持一种谦逊的心态是与一个人的学识、阅历、修养、素质等各方面相连的。达•分奇曾说过："贫乏的知识使人骄傲，丰富的知识使人谦逊，所以空心的禾秆高傲地举头向天，而充实的禾穗却低头向着大地。"不张扬的背后隐含着真正的大智慧、大聪明。

蔡元培，20世纪中国著名作家和文化先驱之一，在他身上曾发生过这样一件轶事：一次在伦敦举行的中国画展上，蔡先生和林语堂被组委会派去做监督员。自认为是中国通的法国汉学家伯希和为了表示自己是内行，在参观时滔滔不绝，对每幅画都品头论足。而陪同的蔡先生只是客气地低声回应着"是的，是的"，一脸平淡冷静的样子。伯希和忽然若有所悟，面露窘色，大概是从蔡先生的表情和举止上担心自己说错了什么，已经出了丑还不知道。蔡先生以自己谦逊的态度展现出了中国人的涵养，同时也暴露出了伯希和喜欢卖弄的缺点。

所以说，谦逊不只是一种学习态度，同时也是一个做人的原则。我们每个人都要有一个"虚怀若谷"的胸怀，用自己有限的生命去探求更多的知识空间。

心理小贴士

"水满则溢"，太把自己当回事往往会显得锋芒毕露，容易遭人嫉妒和排斥，只有拥有了谦逊的生活态度，才能够保持不骄不躁的心态，以平和的心态去面对工作中的小摩擦和小成就，为下一次的成功打好基础。

学点心理学，
在社交中
游刃有余

—— • ——

4

　　有位诗人说过："没有别人，你即是一座孤岛。"人生在世，必然要参与社会交往。社交关系的好与坏与人们的心理有很大关系。人与人的交往就是心与心的碰撞，心理学在人际交往中起到十分重要的作用。掌握一些心理学知识会让你明白很多社交现象背后深层次的心理动机，从而发挥自身的魅力，在社交中游刃有余！

在社会交往中，握手是最常见的一种礼仪。握手是两个陌生人之间第一次的身体接触，虽然只有几秒钟的时间，但是通过握手却能反映出一个人的心理状态。而握手的方式、用力程度、手掌的湿度等等，就像哑剧一样在无声地向对方描述你的性格、可信程度、心理上的状态。正是通过这一刹那间的握手，就能使对方定格对你的第一印象，从而会直接影响到你在别人心目中的形象。由此可见，把握握手的心理知识是多么重要！

把握握手的心理知识

在社会交往过程中，很多人为了表示对别人的尊重或礼貌，几乎都会伸出手与别人进行握手。可不知握手也是非常有讲究的，握手的质量表现了你对别人的态度是热情还是冷淡，是积极还是消极，是尊重别人、诚恳相待，还是居高临下、屈尊地敷衍了事。怎样才是正确的握手方式，什么样的握手会使别人对你产生不好的印象？

[握手反映的心理状态]

不同的握手方式会反映出不同的心理状态，下面简单介绍几种握手方式以及所代表的心理状态。

1. 握手的态度及力度。在人际交往中，通过握手就能反映出彼此的心理状态。一个积极的、有力度的、正确的握手，则表达了你对别人友好的态度和可信度，也表现出了你对别人的重视和尊重；一个无力的、漫不经心的、错误的握手方式会立刻传送出不利于交往的信息。而且，握手方式的错误无法用语言来弥补，它将在对方的心里留下对你非常不利的第一印象。

2. 同性陌生人之间的握手，往往反映握手者的性格特征。同性陌生人握手，主动伸出手的人表示其性格坚定、热情，有丰富的社交经验。性格支配欲望强的人，往往会让自己手心朝下压在别人的手上，这样就会显示出他的气势。

在握手时，有的人手心会湿漉漉、汗淋淋的，则表示这种人的性格可能不太轻松。一点小的波动常常会让他感到焦虑、紧张，尤其是这次会见对他有压力。

在握手的过程中，那些性格粗犷、豪放，甚至莽撞的人，常常会过度地握住别人的手。而他的力度也是比较强的，就像要把人的骨头都握碎一样。

有些人在对方伸出手时却没有反映，这类人可能不懂礼仪或者有意冷淡他人、让人难堪或者根本没有看见，或者是性格极端封闭、内向。

3. 没弄清握手对象，握手时切记注意对方的反应

方艾是个热情而敏感的女士，目前在中国某著名房地产公司任副总裁。

有一天，方艾接待了来访的建筑材料公司主管销售的张经理。张经理被秘书领进了方艾的办公室，秘书对方艾说："方总，这是建筑材料公司的张经理。"

方艾离开办公桌，面带笑容，走向张经理。张经理先伸出手来，让方艾握了握。

方艾客气地对他说："很高兴你为我们公司介绍这些产品。这样吧，让我看一看这些材料，我再和你联系。"

张经理在几分钟内就被方艾送出了办公室。几天内，张经理多次打电话，但得到的都是秘书的回复："方总不在。"

首次见面，张经理留给对方的印象不仅是不懂基本的商业礼仪，而且还表现出他没有绅士风度。他是一个男人，位置相对于低于对方，怎么能像个王子一样伸出高贵的手让人来握呢？在握手的几秒钟，他的手掌让对方感不到任何反映，让对方选择只有感恩戴德地握住他的手，这样会给对方留下极坏的印象，他的心可能和他的手一样冰冷。他的手没有让对方感觉受到尊重，这就表示了他对这次的会面也并不重视。因此，张经理失去了一次良好的合作机会。

4. 最令人憎恨的"死鱼"式握手方式。一般来讲，一个热情的人，就会有

力地握住你的手，上下摇动以表示他渴望与你相见；而性格冷淡甚至内心冷酷的人，则伸出来的手冰冷、僵硬无力，就像一条死鱼。这种握手方式，会让你感到就像抓着一条死鱼，此时，你会立刻有种被拒绝、被排斥的感觉。这被公认为是世界上最没有礼貌、最破坏自己形象的握手方式。

握手方式会反映出一个人内在性格上的冷淡、虚弱、傲慢、无知、愚蠢。不但内心冷漠，而且还愚蠢到不知道如何假装礼貌。虽然并不是每个用"死鱼"式握手的人都是这样的性格和态度，但是这样的握手留在别人心中的第一印象却是难以弥补的。

[掌握正确的握手方式]

握手，是社会交际中最常见的一种礼仪。它貌似简单，却蕴涵着复杂的礼仪细节，承载着丰富的交际信息。因此，要想成功地进行社会交际，就要掌握正确的握手方式。

首先，当与陌生人初次见面，人们都会重视自己的着装和面部表情。但是，握手力度却能对人的第一印象起着决定性的作用，尤其在求职时，有力的握手可能让你求得一份竞争激烈的好工作。"握手得体有力"往往意味着此人善于社交、合群、友善，并且具有很强的支配能力；而"握手无力"则会给人留下性格内向、害羞和神经质的不良印象。因此，把握好握手的力度，才是成功的关键。

其次，先自我介绍，再伸出手。通常是高职位的人或者女人、长者先伸手，表示愿意与对方握手。如果对方没有伸手，你应该等待。如果对方非常积极主动地伸出手来同你握手，你一定要去回握，否则，不但会让对方感到窘迫，也显得你不懂得礼仪。

第三，当你伸出手时，手掌和拇指应该成一个角度，一旦你的手与别人的手握在一起，你的四指与拇指应该全部与对方的手握在一起。不用拇指是"死鱼"式握手的特征之一，也就没有力度了。所以，握手要有一定的力度，表示你坚定、有力的性格和热切的态度，没有力度的手就是"死鱼"式的手，但又不要握得太紧，好像要把对方的骨头都握碎，会显得你居心不良。

第四，在与人握手时，要同对方的目光接触，脸上带着笑容，你同对方的目光接触表示你很重视他，你对他很感兴趣，同时也表现出了你的自信和坦然，握手的时候也要注意观察对方的表情。

第五，掌握握手的时间，大约为五秒。如果少于五秒，就显得仓促；握得太久，反而显得你热情过度，特别是男人握着女人的手，握得太久，容易引起对方的误解。

心理小贴士

握手，社会交际中最常见的礼仪。它是一门有趣的艺术，通过握手就能让人们在瞬间产生种种推测和判断。同时，握手的信息是无言的，但它却是那么的丰富和微妙；握手又是如此地感性，它能在对方开口之前，让我们感受到他的内心活动。握手，在社会交际中是如此的重要，只有掌握了正确的握手方式，才不至于让你的第一印象大幅下跌。

社交成功的人，总是能记住他周围人的名字。名字，对于一个人来说，是任何语言中最甜蜜、最重要的声音。记住对方的名字，并把它叫出来，就等于给对方一个很巧妙的赞美。就能在社会交往中处于非常有利的地位，否则，将会使自己处于非常不利的地位。由此可见，记住他人的名字是多么重要！记住他人的名字就可以拉近彼此之间心理的距离。

记住他人的名字

名字，是身份与自尊的象征。我们都是人，人性的本能会让我们知道，记得我们名字的人，一定是尊重我们的。名字使人出众，使人在许多人中显得独立。因此，我们的要求和我们要传递的信息，只要从名字着手，就能达到事半功倍的效果。

[记住他的名字，拉近彼此间的距离]

1. 先听好对方名字，再重复说出对方的名字

"早安，您是……"女推销员一边说着，一边友善而爽快地伸出手来。这样一来，秘书也不好意思不报出自己的名字。

"你好，我是张欣，"秘书一边回答，一边跟女推销员握手，"我有什么地方可以效劳吗？"

"是啊，您一定能帮得上忙，张女士。"年轻的女推销员重复了秘书的名字，轻快地说道，"华美公司刚刚派我接管这个地区的业务，我想勤快一些，亲自拜访所有顾客。虽然今天早上我没有先约好时间，但是，如果您能让杨先生抽

出一点时间来，我保证不会逗留太久，不会耽误杨先生其他的事情。"

从心理学分析，这位年轻的女推销员的高明之处在于，在起初就先听好并记住对方的名字，这对她来说是最重要的。然后她重复说出对方的名字，是为了强调对方名字的重要性。接着又说："是啊，您一定能帮得上忙。"这样一来，就以很微妙的手法，让张女士负起责任，因为张女士本来就在问，有没有什么地方可以效劳的。于是，张女士被引向她这边来。

接着，女推销员又用"勤快"和"亲自"这两个字眼，来表示必须要见杨先生，并且进一步把张女士拉进这个事件中。最后，女推销员又说，如果"您"能让杨先生抽出一点时间来，这就显得，是张女士个人给予她的恩惠。女推销员还说，"我保证"不会逗留得太久，这样一来，张女士就不用担心会不会因为这个没有事先约好时间的访客而打扰到老板。

2. 要懂得记住他人名字的重要性

王启是一个热衷于划船的人。有一次在湖边划船，遇到一位同好，他们一起度过了30分钟的美好时光。后来，王启又在机场偶然碰到这位同好，而那位萍水相逢的朋友对王启说，他很想买一条像王启那样的船，不知王启肯不肯卖？因为王启很喜欢那条船，所以不想卖。可是，过了一个星期，王启被调往其他地区工作，于是他打算把船卖掉，但他却想不起当初要买船的那个人叫什么名字了。

王启先生没有记住他人的名字，使他失去了一次减少损失的机会。如果当初王启和那个人谈话的时候，能仔细倾听对方所说的话，并记住那个人的名字，也就不会有后来的结果了。因此，记住他人名字的是重要的事情。

3. 快速地叫出对方的名字，拉近彼此间的距离

有一位大公司的总经理，因为尽力记住公司员工的名字，成功地拉拢了公司一位职员的心，从而获得了与这位员工私人间永久的良好关系。总经理和那位职员在一次会议中见过面。过了几个月，两个人又在大厅中相遇，出乎意料

的是，总经理向他点头打招呼，并且说道："嗨！汤姆，你那个部门近来一切都很顺利吧！"

对于一个大公司来说，有几百个员工是很正常的。总经理和汤姆也只见过一次面而已，而总经理却把握了机会，仔细听人介绍了汤姆的名字，并且以简便的名字联想法，把它记下来。多年之后，汤姆始终没有忘掉总经理记得他名字这件事。上级领导能够做到记住并叫出下级的名字，就能拉近彼此之间的距离，就会使自己处于交际的有利地位，从而更有利于工作的开展。

[教你记住他人名字的诀窍]

如果你想记住他人的名字，在开始的时候，就要先听好对方的名字；然后重复说出对方的名字，并强调对方名字的重要性。为了能够更好地记住他人的名字，下面教你几种方法：

第一，学会在心中默记对方的名字，至少要三遍。并在与他（她）谈话的时候，使用他（她）的名字。如，"张彪，不知你去过北京没有？""张彪，你说得真棒！"等等。

第二，要学会把他人的姓名与相貌结合起来记。如：何晓梅，和颜悦色面带笑容，"和"与"何"、"笑"与"晓"是谐音。张汤，是不是特别喜欢喝汤，才长这么高？

第三，要听清他人的名字。法国拿破仑三世，是拿破仑的侄子，身为皇帝，每天日理万机，但他能记住每一个经介绍而认识的人。如果他没听清对方的名字，就会请对方再说一遍，直到听清为止。

第四，要学会尽可能了解对方的事情。这样做，有助于加深对对方的印象。

第五，充满信心，用心记忆。很多情况之所以没有记住别人的名字是因为没有用心记。

第六，经常记忆。俗话说："重复是记忆之母。"经常记，反复记就能牢牢地记住对方的名字。一位美国私立学校的校长，把记住全校每个学生的姓名作为作业，每天练习。对尚未入校的学生，他就对着照片记他们的名字。新生一入校，校长立刻就可以喊出他们的名字，并与他们问好交谈。试想，对于一位初到陌生地方，心里忐忑不安的学生来说，能被这样一位重要人物喊出名字，心里能不踏实吗？目睹这一切的学生家长，能不放心吗？

第七，记录下来。"好记性不如烂笔头"，把名字填在档案中，以便以后使用。

心理小贴士

记住他人的名字，是社会交际最基本的礼仪。为了社交或生意，就要学习聆听的艺术，其中，第一条规则就是记住别人的名字。在这里，要注意听别人的名字，并且记下来，在适当的时机能够快速地叫出别人的名字来，这样就会为你的社会交际增加一码。一个成功交际的人，总是能记住周围人的名字，并且能够很快地叫出来。只有这样，才能拉近彼此之间心理上的距离，从而能够更好地同对方沟通，达到自己想要的目的。

诚信是社会交往的基础，也是做人的根本。在中国有句古话："人无信不立"。如果一个人没有信用，是立不起门户的，也很难立于人世间。在社会交往中，没有什么比失信更能迅速地破坏相互的关系了。失信不仅有损友谊，也会破坏生意上的关系。一个在商业上没有信誉的人，是没有人愿意与他打交道的。因此，在社会交往中，说到不如做到——诚信。

诚信不足，友谊全崩

在现实生活中，很多人都把社交的关注点集中在交往的技巧方面，其实这是舍本逐末，缘木求鱼，难以达到搞好人际关系的最佳效果。诚信不足的友谊，无论技巧是多么的高超，终究不过是短暂的彩虹，难以成为长久的友谊。因此，不管是做人还是社交，都要以诚信为本，虽然交往中没有高超的技巧，也会交到真心的朋友。

[说到不如做到，诚信为本]

1. 诚信做人，做个不失信于人的人

"诚信"是做人的基本准则。一个人诚恳守信，言出必行，一诺千金，就值得交往；一个人总是失信于人，那么，他身边的人就会不自觉地对他筑起心墙，并背信于他。最终，他只能在现有环境中无助地生活下去，也就不会有真正的朋友了。

做人要讲诚信。人若是缺乏诚信，就不会得到他人的尊重和信任，那么，这个人的社交道路也会越走越窄。之后，他会失去起码的自信，时常失信于他人的人，内心还能坦然信任他人吗？依据社会心理学中的投射效应，他也会对别人的动机产生怀疑。因此，这个人就会常常"以小人之心度君子之腹"，也就不会具有基本的社会交际了。

2. 相信"诚信"有着强大的力量

关于诚信，人们有多种说法。台湾行为分析训练学导师孟华琳，曾这样评价过诚信的力量："我获得了成功，但这不是因为我是天才，别人尊敬我也不是因为我是富翁，其中很大程度上是因为我遵守诺言！只要我说出的话，我绝对兑现。所以，我的学生信任我，社会人士尊敬我，他们尊敬的不仅仅是我这个人，更是尊敬我坚守承诺的人品！我从不对别人失信，无论他是非常成功的名人，还是刚步入社会的穷小子。我相信，如果我经常失约或者迟到，无论我是一个多么成功的人，也不会有人来听我的演讲。况且，没有诚信，我根本不可能成功。"这就是诚信的力量，不信你可以试试。

一个人之所以能够在社会上立足，很大程度上取决于他们能够说到做到，答应过别人的事情总能够兑现于人，从不失信于人，所以，他们就能取得成功，赢得尊重。如果一个人不守信用，经常失约于人，从来就不讲诚信，他根本就不会取得成功，因为没有得到社会上人们的支持。因此，我们不可忽视诚信的力量，说到就要做到，以诚信为本，才是立身之本。

3. 说到做到，诚信为本

晋文公是春秋时期霸主之一，而他却十分讲诚信。有一年，晋文公为图霸业决定攻打原国，他和士兵约定用七天时间攻打原国。晋国攻打原国的时候，遭到了原国顽强的抵抗，七天之后，原国仍然没有投降。胜权在握，可是晋文公却下令撤军。

晋文公这一举措让所有人都不理解。谋士和将军们都劝阻晋文公说，再坚持几天就可以攻下原国了，但是晋文公仍然坚持要撤军。他说：我已和士兵们约定以七天作为期限，现在七天已经过去了，还没有攻下原国，我不能失去对士兵的信用。信用是我们国家的宝物，如果得到了原国却以失去国家宝物为代价，我不可以这样做。于是晋军撤离了原国。

到了第二年，晋国大军再次攻打原国。这一次，晋文公亲率大军而来，他与士兵约定：一定要攻下原国才罢兵。原国人一听到晋文公和士兵的约定，马上就投降归顺晋国了。卫国人听了之后，认为晋文公的信用会带来极大的力量，因此，也归顺了晋国。

不久，晋文公就成为了天下诸侯的霸主。

如果向别人许下诺言，就一定要实现，这是一个人立足社会的根本。如果一再地违背自己的诺言，就不会有人相信你，在他人眼中，你就是一个十足的小人。跟你打交道的时候，别人会一直在心里想："我会不会让这小子给骗了？还是别搭理他吧！"试想，在这个社会里，没有了朋友，一个人还能做什么？在社会交际中，这个人就会寸步难行。

[学会诚信做人]

一个人要立足于社会，就一定要讲诚信。讲诚信就要做到以下几个方面：

第一，要以诚待人。对别人要讲诚信，要抱着诚挚、宽容的胸怀；对自己要怀着自我批评、有过必改的态度。只有这样，才能做到诚实守信。

第二，要做到言而有信。在生活中，要培养自己做一个言而有信的人。只要承诺给别人的事情，就一定要实现，尤其是在社会交际中，言而有信是十分重要的，诚信往往能够给一个人带来成功。因为诚信的力量是巨大的。言而有信，则是社交中最基本的准则。只有把握住它，才是一个人立足社会的根本。

第三，"人无信不立"，诚信是最基本的道德培养。没有诚信，其他道德都是形同虚设。诚信是道德中的道德，是"元道德"。一个人在确立诚信的基本道德之后，就可以在自己的一生中遵纪守法，求真务实。一个人一生恪守诚实守信的道德规范，他将会得到越来越多的信任，得到肯定的、积极的回报，个人的声誉就会不断增长，个人的事业就会越来越好，越来越顺利。因此，人只有学会诚信做人，才有更好的发展。

心理小贴士

俗话说："天网恢恢，疏而不漏"。这里的"不漏"不仅仅是指法网，更有人心。它所包含的是绝大多数人自身那颗向善的心。也就是说，对一个心理基本正常的人而言，"失信于人"最大代价就是：从此以后，他会看轻自己，会承受沉重的心理压力。因此，只要做到诚信，就能遵守伦理底线，这对人的心情及心理健康有重大意义。

在社会交际中，"君子之交淡如水"或许是很好的社交策略。在现实生活中，真正的朋友不一定要往来频繁，应注重心灵的默契和呼应。也不是表面上的亲近、热闹，而是心与心的和谐，心与心的共鸣。真正的朋友是"淡如水"，心无烦恼，心清豁达，如水一般，平和清净无垢、无漏。它是一种相互的信任和生活所带来的平淡后的宁静与幸福。"淡"是生活的味道，也是时间验证友谊的味道；最重要的是"淡"如平静的水，而不是汹涌的波涛，真正的朋友之间不需要有大风大浪，能够和气、平安、健康、快乐、珍惜、信任，像水一样的清澈透明的友谊足以！因此，在交友的过程中，一定要记住"君子之交淡如水"这一交友定律。

君子交之有律

俗话说："一个篱笆三个桩，一个好汉三个帮。"人的一生不能缺少朋友的帮助和支持。然而，大千世界，鱼龙混杂。古人告诫我们："君子先择面后交，小人先交面后择"，"匹失不可不慎交友"。由此可见，怎样交友，是人生十分重要的课题。

[掌握正确交友定律]

1. 要想交到良师益友，必须端正交友动机

人与人之间的交往，必须要有良好的交友动机。我们只要抱着学习提高的动机去交朋友。多交一些坦诚相见、直率敢言的益友，经常与思想敏锐、见识广博的朋友交流探讨，多听一些逆耳的忠言，经常帮助自己打扫思想上的灰尘，纠正错误的认识和行为，不断提高思想水平，增长才干，减少工作中的失误。因此，人与人之间的情谊，就需要用"诚实"去播种，用"真情"去浇灌，用"原则"

去培养，用"谅解"去护理。只有这样，人们的思想得到升华，心灵得到净化，才能交到真正的朋友。

在交友过程中，如果交友动机不纯，其情感将不会真挚，友谊也就不会长久。尤其是那些一心想着利用别人、谋取好处的人，他的交往行为必然会出现偏差。这些人也不会交到真正的朋友。

2. 在交友过程中，必须慎重选择交往对象

一个人一生之中，接触的人会很多，主动结交攀附的也大有人在，如果不加选择，什么人都来往，就很容易被人利用，甚至受人左右。因此，在交友时，必须谨慎择友，这是健康交际的前提。

首先，要保持清醒的头脑，善于识人。对那些怀着个人目的拉拉扯扯、搞感情投资、特别敢花钱、特别能套近乎、了解不多、背景不清的人，一定要保持高度警惕，拉开必要的距离。其次，就是要慎重选择交友对象，以防交到杂滥之友。交到好的朋友，就如同得到良师，与他们在一起就可以不断地汲取智慧和力量。这些益友会为自己事业发展和个人成长进步打下坚实的基础。

3. 在交友过程中，必须坚持正确的交往方式

其实交友很简单，"君子之交淡如水"。但简单不是冷淡，而是一种境界。每一个人都应追求淡泊简朴的交往境界，逢年过节一声问候，见面一杯清茶，既可以使自己身心轻松，又有利于培养真挚纯洁的友情。

交往要"透明"。每一个人都要树立"阳光交往"的意识，自觉增强交往的透明度，做到友在明处交，话在明处说，事在明处办。朋友之间的交流是增进友谊最好的润滑剂。只有彼此之间多交流，才能得到长久的友谊。

4. 在交友的过程中，必须从善交做起，做到慎交友，交益友

朋友之间，有种说不清道不明的情感。作为人际关系的一种，虽没有骨肉血脉相连，但却存在着一种亲情无法替换的东西。也许在生活中的点点滴滴间你会发现，身边最好的朋友就像一个翻版的自己，这让自己有一种心灵互动的感觉。但也有这样的时候，你认为你的好朋友对你了如指掌，有许多事不该对你有所隐瞒，甚至从某一天开始他突然疏远你而让你感到莫名其妙，或许有时你会帮他做各种事情，但他却不怎么领情……不要去管别人的反应，只要从善交做起，就能交到益友。

[维护友谊的法宝]

人生之中，交到的朋友很多，但是真正陪伴到老的却寥寥无几。因此，当自己找到真正的益友时，一定要好好地维护你们之间的友谊。所谓维护友谊的法宝，就是从生活中总结出来的以下几点：

1. 要想友谊长久，以诚相待是根本

这就是说要出于真心，诚心诚意。对朋友最怕虚情假意，虚与周旋。在朋友之间允许保留各自的隐私，但毫无疑问，是否"无所隐伏"，"隐伏"多少，是衡量友谊的标志。因此，以诚相待，是维护友谊的根本。

2. 对待朋友要信守诺言，互信不相疑

"信"被古人奉之为人处世恒常不变的美德之一。孔子说："与朋友交，言而有信"。信，首先是信用，自己说到做到，一诺千金，言而有信；其次是信任，想念朋友，不无端猜疑。一个无法让人信任的人是不会拥有友谊的，一个总是怀疑他人的人，也不会拥有太多的朋友。所以，交朋友最重要的就是要信守诺言，互相不猜疑。

3. 要做到"君子之交淡如水"

《庄子山木》中说："君子之交淡如水，小人之交甘如醴"。真正的友谊靠的是赤诚相投，而不在于甜言蜜语或重金送礼。那些以物质交换、虚伪的吹捧、相互利用，甚至尔虞我诈作为友谊基础的小人之交，是不能接受的。因此，在人生之中，"君子之交"应经得住时间的考验，经得住外界环境的考验。

心理小贴士

人生在世，短短数十年，在不同的时间、不同的环境，会结识许多形形色色的人。"千金易得，知己难求"，"逢一知己，死而无憾"，"酒逢知己千杯少"，"海内存知己，天涯若比邻"。这些都是关于朋友、知己的名句，可是当我们有一天慢慢老去，回忆这短暂的人生时，真正能称得上朋友的人又有几个呢？

佛曰："大度能容，容天下难容之事，开口便笑，笑世间可笑之人。"常言道："将军额上能跑马，宰相肚里可撑船"，这些话都是强调为人处事要豁达大度。纵观古今中外历史，凡是胸怀大志，目光高远的仁人志士，没有一个不是大度为怀的，常常是置区区小事而不顾；相反，鼠肚鸡肠，竞小争微，片言只语也耿耿于怀的人，没有一个能成就大事业的，没有一个人是有出息的。

胸怀大志，大度为怀

在社交过程中，度量直接影响到人与人之间的关系是否协调。大度的人常常以宽容的态度对待周围的人和事，而那些小肚鸡肠的人，常常争吵不休、斤斤计较，结果不但伤害了感情，还影响了朋友之间的友谊。因此，尽管做不到"宰相肚里能撑船"，但要做得大度些，对人对己都是有益的。

[有容乃大，豁达做人]

在日常生活中，豁达大度的人不会为一己之私，一点小事而争吵不休。由于人们的认知水平不同，也可能是一时的误解，人与人之间总难免会发生矛盾。我们如果能够有较大的度量，以谅解的态度去对待别人，就可能赢得时间，使矛盾得到缓和。反之，如果度量不大，就会因斤斤计较或相互争吵而伤害感情，也影响了友谊。

在现实生活中，人们要做到"豁达大度"是很容易的，但是要真正做到有度量就很难了。在社交活动中，必须抑制个人的私欲，不在社交场合为一己之利去斗、去夺，甚至与他人闹得面红耳赤，也不能为了炫耀自己，而去贬低他人。这就需要人们有良好的修养，只有修养达到了，才能做到豁达大度的做人。

在社会交际中，人与人之间的交往主要表现在人的度量上，而包容别人就是最大的回报。度量的大小直接影响到人们之间的关系是否能协调发展。事实上，朋友之间会经常产生矛盾，有的是由于工作原因，有的是因为一时的误会。此时，我们就要以较大的度量、宽容的态度去包容朋友，这样可能会缓和矛盾，赢得朋友的欣赏。其实，有的时候宽容地对待别人，也是对自己最大的回报，不仅使自己心情开朗、豁达，还赢得了朋友之间的友谊。

豁达大度的人从不会抱怨别人，而是找自己的缺点。如果一个人长期抱怨，就会使自己偏离前进的方向。莎士比亚说："不要因为你的对手而燃起一把怒火，炽热会烧伤你自己。"因此，人们要学会豁达大度，不要因为一点小事，就使自己陷入困境。

作为一个宽宏大量的人，他们的爱心往往多于怨恨。他们常常以乐观、愉快、豁达、忍让的态度对待周围的人和事，而不是以悲伤、消沉、焦躁、恼怒的态度面对一些不幸的事；他们对自己伴侣和亲友的不足处，常以爱心劝慰，晓之以理，动之以情，使听者动心、感佩、遵从。这样，他们之间就不会存在隔阂、对立、怨恨，这些人就是真正豁达的人。

心胸豁达的人，当面对冲突时，总是持开放的心态来对待。他们即使遇上再大的困难也能挺过去。所以，无论是父母的生育、养育之恩，师长的教诲，爱人的关爱，朋友的关心，他人的服务，感恩之情永远都存在。只有胸怀这样的人生态度，才会有更加和谐的人际关系。

[要真正做到豁达大度]

豁达大度、胸怀宽广表现了一个人的人生修养。中国有句古话，"宰相肚里能撑船"。我们且不论那些宰相是不是都是有度量的人，但那些大海一样宽广胸怀的人被看作是可敬的人。要想做到豁达大度还应从以下几个方面入手：

1. 做人要有"海纳百川，有容乃大"的胸怀

在社会交际中，只要有一种看透一切的胸怀，就能做到豁达大度。把一切都看作"没什么"，才能在慌乱时从容自如。忧愁时，增添几许欢乐；艰难时，顽

强拼搏；得意时，言行如常；胜利时，不醉不昏，有新的突破。只有我们看开一切、收放有度，才可以成为豁达大度之人。

2. 难得湖涂

人生在世，难得糊涂。人们只要做到大事清楚、小事糊涂就可以了。只要能做到这一点，人们的气量就会慢慢大起来。气量大，有涵养，能容人，这些都是在现实社会交往中磨炼出来的。自然而然地，你的肚量也就大了起来。

3. 做人要学会包容

包容是人生的一种境界。是一种健康向上的心理体现。一颗心能包容一个家庭，就能成为一个家长；能包容一个城市，就能成为一个市长；能包容一个国家，就能成为一个领袖。世界上，凡是尊贵的人，被他人敬仰的人，都是从宽容中来！因此，只有学会包容，才能做大事。

心理小贴士

对于一个普通人来说，拥有"豁达大度"的心胸并非易事。它不但关系到个人的工作、学习乃至自己的生命和健康，而且关系到事业的兴衰成败。人们常说："样样可以有，可别有病；样样可以没有，可别没有钱"。可是，要想没有病，就得有一份豁达。所以，在日常生活中，不为金钱推眉，也为豁达名哲；不为名利折腰，也要为豁达保身。

在社会交往中，敌人并不可怕，可怕的是仇恨的情绪。仇恨是一种不好的情绪，有着负面的影响，情绪化的仇恨行为有碍理性思维。它是最邪恶的一种情感，破坏了人与人之间的关系，影响了社会的和谐，它曾经葬送了不可胜数的生命，吞噬了我们的健康心理。明智者不会怀着仇恨的心态对待人和事，而是采取化干戈为玉帛、化敌为友的策略，使对方放下仇恨。

放下仇恨，化干戈为玉帛

在现代的社会里，人们重视并善于交际。在很大程度上，交际会使人们的关系拉得更近，更有利于人们办事。但世界上有形形色色的人，每个人都会有不同的想法，所以不免会出现摩擦或矛盾，如果不注意，这些矛盾或许会给自己带来不必要的麻烦或伤害。因此，我们要端正自己的态度，呵护健康的心理，有仇不报真君子——化敌为友。

[有仇不报，呵护健康心理]

在社交中，与同事或朋友的交往难免会发生不愉快的事。即使同事的表达方式没能让你高兴得跳起来，但对于对方提出的正确看法，你也应该乐于承认。这种认可并不意味着你对别人攻击的认可，也并非你要对其举手示弱。你首先应该考虑的是对方说的话中所包含的信息，而不是针对说话的人。

有时，可能别人的意见只是一种主观的认识，这就需要你以客观理智的态度对待他的意见了。这种态度或许对你有很大的帮助。因此，无论在哪种情况下，首先请大家时刻记住：承认自己错了，才能有更大的改进。只有这样做，才能让别人无趣而退，而且也显示了你高尚的个人魅力。

在生活中，不要理会别人对你的威胁性问题。例如"你以为你是谁？""你们那所高级学校难道没教你点什么东西吗？""你从来就没听过什么叫应急计划吗？"等等。这些问题以及它们那些数不胜数的变种，根本就不是询问什么信息，它们只是为了使你失去平稳的心态，或是让你的面子扫地。

当遇到这种情况时，我们不要带着感情色彩去回答，其实我们根本就不需要回答，或是索性假装这些话压根儿就不是从你朋友的嘴里蹦出来。这时，你只管回到你的主题：你感受到了什么？你计划做什么以及你希望怎样做？只有这样，你才不会给你的朋友向你破口大骂的机会，就有可能减少他（她）对这一类威胁性问题的依赖。因此，你就会占据有利的位置，他们也不得不被你的宽宏大量所震动。

在社交中，一定要让别人知道他对你的重要性，它在很大程度上调动着对方的情绪。我们的想法就是这样一种接纳，给予对方充分的自尊，进而避免把谈话激化，尽可能减少或消除将来的敌对怨恨。当你需要朋友提供一些建议或指导时，如果你能把握好这种交流方式，你就会得到朋友的真知灼见。把握这种交往技巧，你就会占据有利的地位，赢得工作或生活上的相对优势。

人际交往中，要懂得发挥自身主动性，让对方认清事情的本质。它在某种程度上能够帮助我们圆满地办成一件事，但也会给我们带来不必要的麻烦或是伤害。这时，我们就要做到抓住时机，运用心理策略和适当技巧，让对方了解事情的实质，得到他人的重视。

在生活中，对于闹了别扭的朋友，甚至是"心腹之患"的怨敌，我们都应该采取这种方法，用自己宽容的心态，非凡的气量，让他认清是自己错了，这样更有利于化解你们之间的矛盾或怨恨。

[化敌为友，培养健康心态]

在工作中，你非常需要得到另一个人的帮助。可是，这个人曾与你有些不和，你该怎样做？要是放弃的话，显然不是一种很好的方法，这样虽然不费吹灰之力，但是，你也将会失去一个很好的伙伴。此时，你应该做的就是考虑如何化敌为友，让他成为你的好朋友。只要按照下面的方法去做，一定能收到事半功倍的效果。

首先，面对无关紧要的敌意，大可以宽容大度的态度对待。或者是不予理睬，或者是装聋作哑，或者是转移话题，让对方知道无趣而停止他的某种行为。切记凡事不可斤斤计较，发生无谓的冲突对彼此都没有好处，双方可能就此不欢而散。

其次，面对有辱人格或有伤大雅的讥讽攻击，我们应当予以还击。这需要你采取婉言、暗示、幽默等巧妙的方式，做到有理、有利、有节地给以还击。当然，这种还击只是正当防卫，维护自己的尊严或整体的利益，而不是单纯的为了出气。当面还击别人还要注意方法与技巧，不要一味地为了还击而攻击对方。

最后，我们要善于发现并抓住时机，向对方表示自己的关怀与体贴，并给予帮助，促成和解。同时，还要对别人的兴趣加以注意，让对方知道你在为他着想。这样就会得到对方的好感，并愿意与你成为朋友，从而加深或重建友情。

现实生活中，一个人不论多么的坚强、能干、有成就，仍然需要朋友，这是一个健康心理的体现，也是维持和发展自身价值的重要性。

心理小贴士

在生活中，如果我们为一桩误会或一点分歧而心存芥蒂，那些犹如谷仓里渗进雨水，日久天长就会腐蚀、削弱了木梁之间的联系。好好的谷仓，本来只需花很少工夫稍加照料，就可维护完好，而现在也许只有放弃，或是花费很大工夫来重建了，是不是有些太亏的慌呢。因此，我们平时就要好好地维护朋友之间的情谊，要即时地修复人际破绽，最简单的方法就是——化敌为友。

俗话说："好汉不吃眼前亏"。人们往往会认为，这样会丢了男子汉的气概，会被人看不起。其实，如果我们不以"士可杀，不可辱"的心态来看待事实，这就是一种圆滑的处世哲学了。在现实生活中，有时吃点小亏反而能占大便宜。中国历来提倡"以忍为上""吃亏是福"，这是一种处世哲学。有着深刻的内涵，道出了人们在生活中做人的准则。因此，我们应该说"好汉要吃眼前亏"，才能融会贯通、左右逢源，赢得社交上的成功。

融会贯通，左右逢源

在社会交际中，"好汉要吃眼前亏"说的就是要以吃"眼前亏"来换取其他的利益，为了生存和实现更远的目标。试想，如果因不肯吃眼前的一点亏，最终蒙受巨大的损失，甚至把命都丢了，还能谈及人生理想吗？所以，在现实生活中，人们要学会吃眼前亏。

［好汉要吃眼前亏］

好汉不吃眼前亏，人们在任何时候都会保护好自己的利益不受损失，他们常常会因自己的一时莽撞，逞血气之勇，或认为"士可杀不可辱"，"忍不得一时之气"，结果因小失大，甚至得不偿失。然而，真正的好汉为了自己的长远利益，他们宁愿去吃点"眼前亏"。

对于那些爱吃"眼前亏"的人来说，他们并非是不顾一切的一介莽夫，而是智勇双全的好汉。他们常常认为"吃亏就是福"。但如果只为了一己私利、个人性命而不吃眼前亏，违背道义，完全置真理不顾，又有什么理由称为好汉呢？只有敢于吃眼前亏和善于吃眼前亏的人，才是真正的好汉。

有的人认为，吃了眼前亏就会有失"面子"和"尊严"。当遇到吃眼前亏的时候，就会为了所谓的"面子"和"尊严"，甚至为了所谓的"公理"和"正义"而与对方搏斗，有些人因此而一败涂地，甚至命丧他乡！有些人也因获"惨胜"而元气大伤！这个时候，你是否想过自己到底是输还是赢？古人说得好：吃亏人常在世，贪小便宜寿命短。所以，当碰到对己不利的环境时，要放下所谓的"面子"和"尊严"，千万不要逞血气之勇。宁可吃点眼前亏，也不要让自己蒙受更大的损失。

在人际交往中，舍弃不下那些蝇头小利而自毁形象的大有人在。可是也有人宁愿吃眼前亏，也不会做出损人利己的事。久而久之，他们在人们心中树立了良好的自我形象，获得他人的好感，为自己赢得了友谊和影响力。

常言道："大人不计小人过。"凡事不要与人斤斤计较，应该把便宜、方便让给他人，这样你与他人之间的矛盾就会减少，人际关系也会融洽了。

在生活中，总少不了一些为了点儿鸡毛蒜皮的事争来抢去的人。有的时候，那些人为了私利出卖朋友，为一丁点的小事小肚鸡肠、算计来算计去，就是不愿意吃亏。到最后，不但没有占得便宜，反而还吃了大亏，给自己的生活带来了很多不必要的麻烦。还是古人说得好，"好汉要吃眼前亏"，"吃的眼前亏，可保百年身"。古德说："吃亏是福。"这是对吃亏或忍让的最好的评价。因此，我们不要害怕吃亏，有时吃亏不但不是件坏事，还可能是好事，这也许是为自己培植福德。

[掌握吃眼前亏的技巧]

在社交活动中，要做到以和为贵，就要学会吃眼前亏。但是并不是傻乎乎地吃亏，而是要讲究技巧的，虽然吃得眼前小亏，却能占得大便宜。这就需要有一定的技巧。

做人要学会吃亏。要做到这一点，最重要的就是要有坚定的人生信仰和执着的人生追求，来克服自身固有的狭隘心理，时时刻刻将心中的"私"压抑到最低程度。

吃眼前亏有时是为了更好的工作。在现实生活中，吃亏有时就能加强团结、吃亏就能发展经济、创新或培养人才。一个人能够主动吃亏，在现实生活中实在太少。有的人很难拒绝外物的诱惑，这不仅仅是人性的弱点，而是他们缺乏高瞻远瞩的胆识。当然，这些人也不忍心去吃亏，更重要的是他们缺乏吃亏的技巧。所以，这类人往往不会成就大事。

做人要敢于吃亏、甘于吃亏、善于吃亏。这并不是懦弱的表现，在很大程度上，这是一个人品性、思想、行为的真实写照。一般人不肯吃亏，聪明人甘于吃亏，而只有比聪明人更聪明的人才乐于吃亏。聪明人常常让利于人、得失无悔，能够放平心态对待周围的人和事，也正是这种心态，才赢得社会上人们的称赞。

心理小贴士

现实生活往往是残酷的，不如意之事十有八九，这就需要我们对它俯首听命。因此，我们必须面对现实。在现实生活中，我们要学会吃亏。面对吃亏，就要有"退一步海阔天空"的胸怀。学会吃亏必有后福，一次吃亏或许就会改变你的一生。那么，做一个敢于、善于吃亏的人，才是成就我们一生的关键所在。好汉吃得眼前亏，换来人生无限好！

一个新的生命降临到人间，就注定要和社会上许多人打交道。可是，有些人总为此而产生许多莫名其妙的烦恼。有的父（母）子（女）不亲，兄弟不睦，有的是自己与朋友不和，甚至反目成仇。有的人却认为，人间缺少真情，人与人之间的关系也很难融洽，而这种情绪直接影响到每一个人的工作、学习和生活。在日常生活中，人们很想善待他人，包括自己的亲朋好友，父母兄弟。但是，好像有些时候有些人不值得我们善待，我们会想着他们是否一直善待着我们。

与人为善，其乐融融

在社交的过程中，我们可以观察到：一个暴戾的人，在他身边总是充满着暴戾的气息，一个善良的人，周围总是弥散着和谐的氛围。我们不能要求别人对自己怎样，可是，我们可以主宰对别人的态度。要知道，一个爱惜自己的人，他会善待别人，因为善待他人也就是善待自己。你也许会觉得这个世界对自己有些不公平。于是，你就放不下心中的怨恨，让它一直在自己心里蔓延。但是，你却不知道，善待他人就是在善待自己。

[善待他人，缔造健康心理]

为人处世，如果你想得到别人对你的善待，首先就要学会善待他人。在现实生活中，不是因为你没有得到别人的善待，而是你忽略了别人为你所做的一切，只想着别人对你的不好。因此，你才觉得别人对你不好，便没有更好地对待周围的人，这样不仅伤害了别人也伤害了自己。所以，我们要心存善良，学会善待你周围的每一个人。

古人云："人非圣贤，孰能无过？"人生在世，就免不了要犯错，相信犯错的人心里也有很多的自责和懊恼。能原谅别人，既是对别人的一种宽恕，也是对自己心理压力的一种释放。这样做利人利己，岂不是两全其美？如果有一天我们也犯了错误，同样也能得到别人的原谅。但是，如果我们固执地不走出怨恨的心理，那无疑是作茧自缚，永远都看不到明媚的阳光，找不到快乐的天地。因此，原谅别人就是善待自己，就是对自己最大的回报。

有时候，不要总认为自己是对的，多为别人想想。人们是被自己锁在自己狭小的圈子里，看问题也就会变得狭隘。很多人都以为只要自己有坚定的信心，这个世界上就没有翻不过的山，就没有趟不过的河。其实，他们却忽视了一个最重要的东西，那就是自己的内心。

你不肯原谅别人所犯的错误，说到底其实还是不能说服自己，还是因为自己放不下。也许朋友一句无心的话深深地伤害了你，也许父母出于爱的责骂深深刺痛了你，如果你不能够原谅他们，那必将会成为你心中永远的阴影。所以，当你考虑问题时，要站在别人的立场上，多为别人想想，事情就变得容易多了。在原谅别人时，自己也得到了解脱。

社会交际中，与人为善是最基本的准则。如果一个人不能做到与人为善，那么他也就不会得到别人的认同，也不会有更好的发展。因为他身边没有人会支持他的做法，况且在当今的社会中，不可能单靠一个人的力量来完成某件事。如果得不到别人的支持，就不会有更好的发展。在这个合作的社会中，人与人之间更是一种互动的关系。善待别才能赢得和谐的人际关系，进而顺利的进行自己的工作；与人为善，是自身生存的法宝。

[怎样才能做到与人为善]

与人为善，说着容易做起来却很难。或许为了生活中一点小事就会与朋友争吵不休；或许是因为家人与自己的想法不同，而与家人反目成仇；或许……其实，每个人都很想与人为善，却不知从何做起，因而被社会上的一些污浊所蒙蔽。在这里，教大家几招与人为善的技巧，以供大家参考。

首先，与人为善需要从关爱他人开始做起。每个人都有遇到困难的时候，作为朋友就要主动伸出友谊之手；要做到尊重他人，就不要去探究他人的隐私，也别在背后议论、批评他人。做一个善于和别人沟通、交流的人，善于和那些与自己兴趣、性格不同的人交往。学会赞美他人，给予别人充分的个人价值肯定，还要勇于承担应负的责任。

其次，与人为善需要你以一颗真诚的心来对待别人。只有你真诚地去对待别人，别人才会心甘情愿地与你合作，在你遇到困难的时候挺身而出。良好的人际关系不是行动上做出来的，而是从心底里"流"出来的。在社会交际中，就要把以诚待人，事事以心待人作为准则，用"心"和他人交往。

再次，与人为善不要强迫别人不想做的事。善待他人的最重要原则就是"己所不欲，勿施于人"，凡事要从对方的角度来考虑。当你在交际场合中，如果能很好的遵守这个原则，那你将会交到更多好友及合作伙伴。善待他人，就是寻求社交成功道路中必须遵守的一条基本准则。

心理小贴士

人的生命是很短暂的，不过短短几十载。同时，生命也是很脆弱的，有很多人和事都是我们无法把握的。过去了的光阴似箭，未来的岁月不可预知。人生在世，有很多的事在等着你去做，与其把时间浪费在记恨和算计上，让别人痛苦，自己也不好受，不如把时间用来好好的享受生命，享受快乐，享受爱……只有多为别人着想，才能享受到人生的快乐。善待他人即是善待自己，好好珍惜你身边的人吧。

人常说，"聪明反被聪明误"。"聪明"却一向不被人看好，而人生难得糊涂，"糊涂"则被奉为高明的为人处世之道。尤其在社交活动中，很聪明的人不但没有得到什么好处，反而使自己在交际中更加为难。而那些大事清楚，小事糊涂的人，却往往能众望所归，得到大家的认同与支持，从而使自己的社交更加如鱼得水，获取事业的成功。

大事清楚，小事糊涂

社会交际中，有的人聪明，有的人糊涂，还有的人介于聪明与糊涂之间，他们大事精明，小事糊涂。人生就像个万花筒，人们在为人处事时要有足够的聪明智慧来权衡利弊，以防莫测，但有时也要有以静观动、守拙若愚的糊涂心态。聪明是天赋的智慧，糊涂是聪明的表现，人贵在能集智与愚于一身，需聪明时便聪明，该糊涂处且糊涂。那么，"聪明"与"糊涂"究竟有哪些情况需要我们关注的呢？

["聪明"与"糊涂"的较量]

在社会交际过程中，人要能大能小，做到该清醒的时候清醒，该糊涂的时候糊涂。可是，有的人会这样想："我足够聪明为什么还要装糊涂？那不是在抹杀我的天赋吗？"于是，他就事事表现得格外聪明，但是，常常事与愿违，不但没有做好事，反而人缘也越来越差了。

在这个社会上，如果没有"糊涂"的聪明，不仅没有立足之地，而且寸步难行，稍不留神，还会给自己招来杀身之祸。俗话说："水清无鱼，人清无友"。这就是说要把目标放在大事上，对那些小事不能太过于"认真"。真正做到糊涂做事，精明做人，才不至于成为碌碌无为的平庸者，也不会成为狡猾奸诈的小人。因此，只有"糊涂"中的"聪明"，才是人生处世的真"聪明"，才能在做人做事时如鱼得水，左右逢源。

做人，就要"小事糊涂，大事精明"

为人处世，凡事不能太认真，对于无关紧要的小事能闭一只眼就闭一只眼。有的人总要求自己事事认真，却不懂得拐弯抹角，不懂得假装糊涂，这样做的人经常会把一些事越办越糟。其实，"小事糊涂，大事精明"就是教人要学会舍小利而图大善。一个人每天都要遇到或多或少或大或小的事情，生活中的矛盾也是在所难免的。如果一个人总是为一些小事而过分计较，在乎太多的细节问题，不仅会自寻烦恼，还会让他人厌烦。事情没有做好，人也没有做好，只会给自己带来更多的麻烦。所以说，做人，就要"小事糊涂，大事精明"。

作为领导者，如果能做到"小事糊涂，大事精明"，那么，这位领导的心胸就会开阔。这样的领导，就会不计较个人的得与失，为人慷慨大方，遇到人际纷争时，也能使大矛盾化为小矛盾，小矛盾化为无矛盾。因此，他就会有好人缘，还会给人一种可敬可亲可爱的感觉，就能赢得下属的好感和信任，从而更有利于自己工作的开展。

做人，就要学会"糊涂"的处世之道

在社交中，要学会"糊涂"的处世之道。对于一些原则性的问题，要保持头脑清醒，毫不含糊，对于其他事该糊涂就糊涂，人生难得糊涂，能够做到糊涂，就是一种大智慧。

"糊涂"让外人看着这个人很傻，但他心里却比谁都精明。这就是人们常说的大智若愚。这"糊涂"中的智慧可谓是深不可测，给人带来的好处也是数不胜数。其中，装糊涂并不难，难就难在怎么去把握这个度，做到"该糊涂时糊涂，不该糊涂时绝不糊涂"，装糊涂时他人也看不出。这就要求人们懂得糊涂的技巧了。

[掌握"糊涂"的技巧]

要想装"糊涂"，也要装得像，如果装得不像，就是一次失败的"糊涂"，这样与太"聪明"也就没什么两样了，就会造成事倍功半。因此，要掌握装"糊涂"的技巧。

首先，要装糊涂就要心胸开阔。在人际中，要宽容大度些，争取做到大事化小，小事化了。如果发生意见不一致，争论一阵，见分不出高低，便不必再争论了。没有什么大的原则问题，何必非要争个清楚明白。

其次，不要凡事都较真。生活中，有些事情，不要较真，否则会给自己带来更多的麻烦。相反，你若装痴作聋、"难得糊涂"、"无为而治"，或许就会出现令你满意的结果。

第三，不要把话说得过于明白真实。有时候话说得过于明白，反而不会达到好的效果；而有时说得含糊一点，却能起到更好的效果。在现实生活中，糊涂语言有着广泛的应用。有时候可能碰到一些不能回答但又不能不回答的问题，这时，我们就可以巧妙地使用糊涂语言进行回答。因此，在与人交谈时，糊涂语言最重要的就是能够给人台阶下，从而使双方皆大欢喜。

第四，要学会借助"糊涂"，"忍让"一下。人生在世，不可能事事顺利，人们可能遇到很多令自己"难堪"的情境，为此，人们可以借助于"糊涂"，"忍让"一下，不要过于斤斤计较，暂时"吃点小亏"，做点"退却姿态"。这种"糊涂"，就可以让你有更多的时间去享受人生，具有"保护自己"的功能。但值得注意的是：说糊涂话也要讲究场合，看能否收到预期的效果，不要弄巧成拙，否则就会让人贻笑大方了。

心理小贴士

在现实生活中，人们常说，"聪明反被聪明误"。人要是精明，确实能占得不少便宜。可是，人要是太过精明，也必定会使别人对其加以防范，从而就会使得精明人寸步难行。但善于"糊涂"的人，却能做人有人缘，做事有事缘，糊里糊涂总能笑到最后。所以说，真正聪明的人是懂得适时装糊涂的人，遇到事情时，就会有一副什么都不知道，什么都不清楚的样子，让一些事得过且过，在为他人行方便的时候，也让自己落个好心情、好人缘。

学点说话心理
成为口才高手

5

　　了解人、说对话，你就是人气王，说话代表一个人的沟通能力，而沟通能力通常是人际关系的基石。会说话，不仅沟通无碍、谈话愉快，也有助于达成工作目标，赢得人缘。所谓的"会说话"，不是滔滔不绝、口若悬河就行，不是讲话"实在"就没问题。逞口舌之快，可能让你树敌，虽然沉默是金，也可能让你埋没一辈子。会说话是成功者的必修课，因此只需掌握说话心理学，你就能成为口才高手！

所谓赞美，就是指称赞、颂扬，是行为科学中的一个概念。它能给平凡的生活带来希望，可以把世间的噪音化为音乐。赞美对人类心灵的重要性，好比植物依赖于阳光，没有它，就不能生长，就不能开花结果。美国著名作家马克吐温说："只凭一句赞美的话，我就可以多活两个月。"赞美有着神奇的力量，赞美是人际交往中的一门艺术，得到适时、适当的赞美是人的高级心理需要，会使被赞美者更深切地感悟生命的原动力和自身价值。

赞赏拉近心的距离

这种东西世人都乐于得到，也都有能力大大施舍，但有人却往往吝于给予，那就是赞美——她是深藏在每个人内心的渴望。现实中，一次适时的赞美，能使别人永生不忘；一句轻轻的褒奖，能使别人勇往直前；一声真诚的致谢，能使别人如沐春风……

[赞美——有效缩短人与人之间的心理距离]

从心理学角度来说，赞美是一种非常有效的交往技巧，能有效地缩短人与人之间的心理距离。

现实中，身处沉闷的办公室，到处充满了文件和繁杂的公务，日复一日的重复使人们发现曾经让自己热爱和感兴趣的工作，在不知不觉中变得枯燥无味，当人们面临越来越大的工作压力时，情绪也会变得焦虑和抑郁，心态会变得烦躁不安，经常想些不愉快的事情，对能完成的简单工作也会觉得复杂！此时此刻，人们内心深处就会涌起一种热望，渴望关心和赞美！

赞美是从心理上给人力量。赞美是发自人类内心深处的对他人的欣赏，然后回馈给对方的过程，赞美是对他人关爱的表示，是人际关系之中一种良好的互动过程，是人和人之间相互关爱的体现。在现实中，当内心充满了对他人的爱护时，赞美就会油然而生。

看看下面这几个办公室的小场景。

小杨剪了一个新发型，她把一头蓄了几年的披肩长发剪成了齐耳短发，同事们都齐声称赞她的短发清爽和简洁，小杨在这些赞美声中，对理发师的怨气一股脑儿全消了。"当时我剪完头发，觉得一点都不像我理想中的模样，气得我当时就想跟他吵一架，找他理论，怎么给我做成了这样的发型？这不愉快的心情带到了今天上班，有一个客户来找我，我当时还有些气在心里，平时对客户很有礼貌的，今天不知怎么就看那个客户不顺眼！总想跟他发火，但是听了这些好听的话，不知不觉气就消了，心里也觉得顺畅了，看客户也觉得顺眼了，真希望你们天天说让我开心的话！"

小马，是个刚参加工作的业务员，出去跑客户，客户不是拒绝，就是给他一副冷脸，让他一腔热情化为湿冷的汗水。因此，回到办公室他就一脸的沮丧，看见同事，说话也没好气，女同事盈盈跟他打招呼，问他的近况，他也爱搭不理的。

"呦，这是怎么了，遇上什么不顺心的事了？"

"一边去，少理我！"

"什么事情让我们的小帅哥不开心啊？"

"小帅哥，管什么用呢？还不是照样遭人拒绝！"

"帅哥哥，你放心，我永远不会拒绝你！"

"听你这话我心里真好受！"

一句简单的赞美化解了小马一天的疲劳和失败感。

一凡自己经营一家公司，每天接待客户，还要管税务和财物，忙得不可开交。偶然照镜子发现自己面容憔悴，因为有几个重要的客户还没有搞定，她觉得她忙得没有连照顾自己的时间都没有，一丝伤感悄然袭上心头。合作伙伴李飞看到她的眼神和举动，从中读出了她的感伤，走上前去，递给她一杯香浓的咖啡，

"休息一会，一凡，你永远是最美丽和最能干的！"

一凡喝下了咖啡，同时也在品尝着同事的一份关怀之情，一句简单的赞美吹散了一凡心头的阴影！

有心理学家说过："渴望赞美是人最基本的天性。"现实中，谁没有热切地渴望过他人的赞美？既然渴望赞美是人的一种天性，那何不在生活中学习和掌握好这一生活智慧，从而为人生增加更多美好愉快的情绪体验呢。

[赞美——心理上的强心剂]

有句唐诗"春风得意马蹄疾，一日看尽长安花"，就是对人们良好心理状态的描写。然而生活中不尽是这样，假如你每天面对唠叨不止的家人或同事，一定会感到很厌烦，甚至情绪沮丧吧，这样的生活该是多么的索然无味！那么，你不妨使用一下赞美这剂良方！

从心理学角度来说，赞美往往会激发被赞美者的自豪和骄傲。一句话可以把你送入坟墓，也可以使你起死回生。一句话救人的事例在我们的生活中并不罕见。一位享有盛誉的老师曾经总是用训斥的手段来督促那些未能完成作业的学生。久而久之，学生听腻了他的责骂，这种督促方式便不再起作用了。后来，有人建议这位老师最好去表扬那些完成了作业的学生，这位老师欣然采纳，不到三个星期，不但完成作业的人数大大增加，而且上起课来，师生双方都很轻松愉快。

不过话说回来，赞美也不能滥用，它是需要艺术的，那种模糊笼统，甚至信口而来的赞美往往适得其反。如对一个初学骑自行车的人喊"好极了！就这样骑！"这是恰如其分，若对一个早会骑车的人再这样说，就不恰当了。当然了，如果对方有必须改正的缺点，就不能没有真挚的批评，但批评后，对方认识或者改正了，这时就需要赞美的阳光了。

就像心理学家所说的，人是渴望赞美的动物。因此，在与他人相处时，要满足他人的这种渴望，多赞美别人。假如说批评和鼓励同样都是催人上进、激人发奋的手段的话，在很多情况下，适当的奖励往往能收到更好的效果。

赞美的方法有很多，其样式也是多种多样的。有的赞美真挚热情，有的委婉含蓄，有的自然流露，有的发自肺腑……应根据不同人的身份、年龄和层次，运用不同的赞美方法。当掌握了赞美的技巧，你就会感到生活竟是那么充实，那么可爱！

心理小贴士

在现实中，赞美是对人们精神的激励和心理的疏导，能为人们打开坏心情的死结，能为人们展现光明的前途，调动其工作热情和树立信心。或许，你的一次小小赞美，竟能改变一个人的一生呢？试试看！

人际交往中，在掌握和了解对方的心理特点之后，就要"投其所好"，采取一些对方欣赏和赞同的行为，以博得对方的喜欢和接受。

把话说到点说到心

[投其所好，说到对方心里]

从心理学角度讲，投其所好是别人喜欢什么，就说什么和做什么，有讨好之意。投其所好者受人欢迎，能赢得人心。除此之外，它也有"溜须拍马"，"谄媚奉承"之意，使自己从中得到好处。

在宋真宗时期，开封城里住着个闲汉，名叫于庆。这个人游手好闲，好吃懒做，家境贫寒。一天，他找到邻居老秀才，请他指点一条谋生之路。老秀才告诉他一个机密消息，大臣丁谓快要做宰相了。他让于庆上丁府投靠，但一定要于庆把姓名换成"丁宜禄"。问何以如此？老秀才笑而不答。老秀才的话果然灵验，丁谓不但高兴地收下了"丁宜禄"做仆人，并向人宣称："吾得此人，大拜必矣！"

几天后，丁谓果真当上了宰相。丁宜禄水涨船高，当了相府总管。丁谓贪婪成性，人们纷纷通过丁宜禄打通关节。经手三分肥，不到一年，丁宜禄就捞到了不少好处。老秀才因为当年的金言，通过丁家主仆的门路，不费吹灰之力，当上了大州名郡的学官。

你可能会觉得不解，老秀才的话何以这般有效？原来，丁谓很迷信，他正排挤寇准企图取而代之，但尚未如愿，朝听鹊叫，夜观灯花，一见来投靠者的名字，恰是古时宰相家奴仆的通称，又是本家，连起来，十分吉利，所以才如此这般。他虽有才，但跳不过老秀才的算计。

在这件事情中，正是因为老秀才抓住了丁谓的心理，然后投其所好，结果如愿以偿。

在现实中，关于发掘对方心理，懂得站在对方的立场上来思考，设身处地，投其所好，发现对方的兴趣、爱好，而后再进行引导，晓之以理、动之以情，使之与你的想法一致，最后使之接受。

据说：墨西哥的大企业家办公室中常有两把椅子并排摆放，"商谈"时并肩而坐，这样便能促使"商谈"顺利完成。因为这时双方的步调一致、立场一致，给人们的就不是"你我"的感觉，而是"我们"的感觉。

老练的推销员在说服开始时，总是避免讨论一些容易产生意见分歧的问题，而只是在洽谈结束时，再把这些问题提出，这样双方比较容易得到一致的意见。

为了顺应对方使自己与之同步，"询问"是一个有效的谈话方法。在整个说服过程中，推销员应该不断地向顾客提出问题，有了一问一答，我们就如同手握舵盘，可控制谈话的过程。

但必须要注意，在开始的时候最好只使用反问的方法提问，在说服进行到一定的阶段时，才能向顾客提出那些你真正想得到的问题。

[投其所好，出其不意战胜对方]

在一些辩论中，有时候也会运用到"投其所好"的心理术。辩论是参辩双方的一种逆向抗衡，而这种抗衡往往针锋相对，僵持不下。要想突破僵局，取得辩论的胜利，不妨另辟蹊径，变逆为顺，采用一种"投其所好"的战术，从顺向的角度，向对方发起一场心理攻势，在顺的过程中化解对方的攻势，发现对方的破绽，捕捉突破的战机，从而出其不意地战胜对方。下面就来看一个在辩论中运用"投其所好"心理术的例子：

这个事情发生在法庭上，律师乔特斯为有杀妻嫌疑的拉里辩护，这时律师麦纳斯提出了对拉里十分不利的证据：拉里曾向麦纳斯提出过，要麦纳斯帮助他与妻子离婚，并由此推论拉里在无法达到离婚目的时，会采取极端措施。乔特斯知道要直接反驳"要求离婚就有杀人动机"是困难的。于是他抓住对方心理，采取了"投其所好"的策略，与对方周旋，以图找到最佳战机。

第一步，乔特斯向麦纳斯承认，自己对离婚是外行，一边恭敬地问对方是不是很忙。麦纳斯踌躇满志地回答："要我处理的案子要多少有多少。"后来又补充说，每年至少有200件。乔特斯赞叹说："呀！一年200件，您真是离婚案的专家，光是写文件就够您忙的了。"此时，麦纳斯的声音开始犹豫，感觉这个数字会令人难以相信，就只好承认说："可是……其中有些人……嗯……因为这样那样的原因改变了主意。"

破绽果然出现了，乔特斯抓住这一点，进一步诱导道："啊！您是说有重新和好的可能，那大概有10%的人不想把离婚付诸行动？"麦纳斯说："百分比还要高一些。""高多少，11%？20%？""接近40%。"乔特斯用惊奇的眼光盯着他说："麦纳斯先生，您是说去找您的人中有近一半最后决定不离婚？""是的。"麦纳斯这时感觉到了异常，但退路已经没有了。"嗯，我想这不会是因为他们对您的能力缺乏信任吧？""当然不是！"麦纳斯急忙自我辩解，"他们常常一时冲动，就跑来找我。可是一旦真的要离婚，便改变了主意……"直到这时，他突然止住，才意识到自己上当了。"谢谢，"乔特斯说，"你真帮了我的大忙。"

在这场法庭辩论中，乔特斯可谓将"投其所好"的心理术发挥得淋漓尽致。他眼见正面反驳难度较大，就采用了"投其所好"术，从侧面迂回。他先坦率地承认自己对离婚案是外行，恭维对方很忙，当对方得意忘形，胡吹自己处理离婚案件的数目时，他又进一步恭维对方是离婚案专家。当对方感到吹过了头，说有些人因这样那样的原因改变了主意时，战机出现了。乔特斯就适时的抓住这关键的一点，一步一步诱导，终于使对方说出了自己否定自己的话。

综上所述，有些时候，在辩论中若正面说理不奏效，就可以采用"投其所好"术，与对方巧妙周旋，使对方对抗心理弱化，疏于防范，就有可能自己暴露出一些破绽，这就为我方提供了战机，我方乘隙而入，一举制敌。由此可见，"投其所好"是辩论中的"迂回"心理术。

心理小贴士

现实中，一个人的情感倾向往往会引导他的行动倾向。要改变别人对你排斥、拒绝、漠然处之的态度，并使别人对你产生兴趣、予以关注，就需要你主动地去引导、激发对方的积极情感。使对方的想法向你希望的地方靠拢，"投其所好"就是这样一个过程。

一个轻松愉快的氛围有利于谈话的顺利进行。气氛好，人的兴致便高，情绪向上，谈兴也较浓。否则，情绪提不起来，自然也就失去了谈话的兴趣。因此，为了能与人愉快交谈，我们应努力创造一种能达到谈话高潮的轻松和谐的气氛。

创造谈话前的愉快气氛

在人际交往中，有些谈话常常是以不欢而散告终的，其原因之一就是未能创造谈话前的愉快气氛。据心理学研究表明，一个人如果在愉快的心境下交谈，易产生求同和包容心理，对对方观点的接受性增强，排斥力减弱。相信这个研究成果会给人们的言语交际提供有益的帮助。

［轻松愉悦的气氛——精神放松］

在公开场合和人谈话，旨在沟通思想，增加知识，升华感情。通过交谈，力图使自己的思想、观念和情感被对方接受，同时也希望对方向你倾吐肺腑之言，说出内心世界的真实想法。

与人交谈的时候，若是过于严肃，就会形成紧张气氛，难以使大家轻松愉快地放开思想交谈。那么，不妨在交谈过程中适当运用幽默话语，就能使交谈的气氛活跃起来，进而使大家精神放松，使交谈更加融洽、更富有成效。

1976年元旦，美国客人戴维携妻子朱莉拜访毛泽东主席。会见中，戴维总看着毛主席，毛泽东问他："你在看什么？""我在看您的脸，"戴维说，"您的上半部很……很出色。"听完翻译后，毛泽东说："我生着一副大中华的脸孔。"戴维觉得这话挺有趣，想笑，但忍住了。

毛泽东接着往下说："中国人的脸孔，演戏最好，世界第一，中国人什么戏都演得了，美国戏、苏联戏、法国戏。因为我们鼻子扁，外国人就不成了，他们演不了中国戏，他们鼻子太高了。演中国戏又不能把鼻子锯了去！"听到这里，戴维再也控制不住自己，笑出声来，随之屋里笑语欢声，气氛也活跃了。

在现实生活中，有时会因为突发的事件而使人陷入被动尴尬的困境。此时若能根据当时的情境，适时地幽默一下，就可以化被动为主动，激活气氛，巧妙解围。

曾经有一次，著名相声演员马季和赵炎在山东演出。他们正在兴致勃勃地表演相声《吹牛》，台上的灯泡突然闪了一下灭了。台下顿时一片哗然，甚至还有几个人乘机吹起了口哨起哄。只听马季随机应变地向观众说了一句："我们吹牛的功夫真到家，灯泡都被我们吹灭了。"说罢，台下立即报以热烈的掌声，气氛又活跃起来。马季的成功在于他巧妙地将相声的名称"吹牛"与演出现场灯泡熄灭的场景结合起来，用幽默的话语引得听众大笑，从而化解了尴尬局面。由此可见，马季不但是一位杰出的相声表演艺术家，同时还是一名机智应变的高手。

从心理学角度来看，在任何一种人际交往中，都存在着情绪、气氛和场景。假如你是个明智的人，你一定会创造一个宽松、和谐的气氛，因为这样对自己是有利的。

言而总之，与人交谈时，用笑话来创造一个宽松、和谐与接近别人的气氛，关键一点在于适时，这样会使你马上拥有一个良好的谈话氛围。

［轻松愉悦气氛——"话"半功倍］

从心理学角度来说，良好的开端是成功的一半，对于谈话而言，愉快的开头是谈话得以深入下去的关键所在。

在一次全国性的散文研讨会上，著名的散文研究家林非先生作了散文方面的专题发言。发言中，他以一个房间的代表在门上贴着"请勿骚扰"四个字为例，谈到语言的轻重问题。发言的当晚，他很想听听代表们的意见。来到门上贴有"请勿骚扰"字条的宿舍。一进门，他便笑着对大家说："各位，我来骚扰大家了！"大家一见是林非先生，立即站起来说："欢迎骚扰！欢迎骚扰！"当时，整个宿舍的气氛十分热烈。在互相问候过之后，大家就开始畅所欲言，各抒己见，就散文的语言问题展开了深入的讨论，都觉得收获很大。

毫无疑问，这种收获的取得与林非先生所制造的愉快的开始气氛有很大关系。尽管只是短短的一句话，却充分显示了这位散文家的语言机智，他信手拈来，谈笑间消除了与他人之间的陌生感，密切了与他人之间的关系。

综上所述，在谈话切入正题之前，营造一种愉快和谐的氛围，让谈话在活泼的气氛中进行，往往能收到"话"半功倍的效果。

心理小贴士

心理学告诉我们，谈话是需要气氛的，愉快的气氛有时在不经意中产生，有时出自故意的营造，但不管属于哪一类，都必须做到自然，切忌生硬。聪明的谈话者往往在谈话之前就对谈话对象进行了充分了解。如果能在谈话开始之前就营造交谈的和谐气氛，是有助于自己很快进入角色的。

现实生活中，有的人总爱开玩笑。玩笑能给枯燥的生活增添许多乐趣，但是说笑话要谑而不虐。在开玩笑时也要有个分寸，在分寸以内，大家欢乐，超出了分寸，便要搞得不欢而散了。

玩笑不过界

所谓分寸，原没有明确的标准，而对方心理上的反应程度，却不能不注意。这就是说话或做事应掌握的尺度、界限。不是任何人、任何事都是可以公开谈论的，也不是什么玩笑都可以开的，更不能想说多少就说多少、想怎么说就怎么说。从心理学角度来讲，为了和谐的人际关系，开玩笑时必须要懂得分寸和适可而止。

[开玩笑，一定要有分寸]

一天，在外地出差的李先生接到好友电话说："你爱人掉进下水道了，被我送进了省医院，你赶快回来。"李先生接到电话后，急急忙忙赶回。回到家以后，见爱人正在看电视，才知道自己被骗。

"太气人，玩笑开得太过分了。"李先生告诉妻子，接到好朋友的电话后，根本没有想到他是在骗人。他为此事找到朋友，朋友不但不为自己的行为道歉，反而说"愚人节开玩笑很正常"。他听后非常生气，于是俩人在街上大动拳脚。

现实生活中，熟悉的朋友之间相互取乐，说话不受约束，是朋友间相处至深的表现，也是人生的一件快事。但凡事有利也有弊，乐极生悲，因开玩笑而使朋友不欢而散的事也常有，有的甚至因为几句玩笑话而伤感情，断交情。其实，善意的欺骗和愚弄，能让周围人的生活变得轻松愉快，但一定要掌握火候。像上述这种拿亲人的人身安全开玩笑的做法就实在太过火了。

从心理学角度看，开玩笑之前，一定要注意你所选择的对象是否能受得起你的玩笑。开玩笑要诙谐而不下流，且使用具有浓厚风趣的语句，能使人快乐，更会发人深省，这种智慧型的幽默，是现实谈话中最上乘的，在不伤害别人的同时，还能使大家开心。若你能真心诚意的这样做，你一定能够获得更多人的信赖，更多人的钦佩，并能获得更多的朋友。

[如何掌握好开玩笑的分寸]

与人交谈的时候，开个得体的无伤大雅的玩笑，可以松弛神经，活跃气氛，创造出一个适于交际的轻松愉快的氛围，因此诙谐的人常能受到人们的欢迎与喜爱。可一旦玩笑开得不好，就会适得其反，那么，该如何掌握好开玩笑的分寸呢?

1. 开玩笑内容要高雅

从心理学角度讲，开玩笑就是运用幽默的语言有技巧的进行思想和感情交流的艺术，它要求语言必须纯洁、文雅。笑料的内容取决于开玩笑者的思想情趣与文化修养。内容健康、格调高雅的玩笑，不仅给对方以启迪和精神的享受，也是对自己美好形象的有力塑造。假如开玩笑污言秽语，不仅使语言环境充满污浊的气味，对听者也是一种侮辱，至少也是一种不尊重。同时也说明自己水平不高，情趣低俗。

2. 态度要友善

与人为善，是开玩笑的原则之一。开玩笑的过程，是感情相互交流传递的过程，是善意的表现。如果借着开玩笑对别人冷嘲热讽，发泄内心厌恶、不满的情绪，甚至拿取笑他人寻开心，那么除非傻瓜才识不破。可能别人没有你伶牙俐齿，表面上你占到上风，但其他的人会认为你不懂尊重他人，从而不愿与你交往。如此一来，你将失去众多的朋友。

3. 对象要区别

同样一个玩笑，能对乙开，不一定能对丙开。基于人身份、性格、心情不同，对开玩笑的承受能力也不同。通常情况下，后辈不宜同前辈开玩笑，下级不宜同上级开玩笑；女性不宜同男性开玩笑。若是同辈人之间开玩笑，则一定要掌握对方的性格特征与情绪信息。

4. 场合要分清

不是什么场合都可肆无忌惮的开玩笑的，通常情况下，严肃静谧的场合，言谈要庄重，不能开玩笑。而在喜庆的场合则注意所开的玩笑能否使喜庆的环境增添喜悦的气氛，如果因开玩笑使人扫兴就不好了。总之，身处庄重严肃的场合不宜开玩笑，否则极易引起误会。还有就是工作时间，一般不宜开玩笑，以免因注意力分散而影响工作，甚至导致事故的发生。

5. 忌讳要躲开

一般需要注意的禁忌主要有以下几点：

首先，与长辈、晚辈开玩笑忌轻佻放肆，尤其忌谈男女之事。几辈同堂时玩笑要高雅、机智、幽默、乐在其中。在这种场合，忌谈男女风流韵事。如果是同辈人开这方面的玩笑，自己以长辈或晚辈的身份在场时，最好不要参言，若无其事的旁听就是；和非血缘关系的异性单独相处时忌开玩笑，哪怕是正经玩笑，往往也会引起对方反感，或者会引起旁人的猜测非议；和残疾人开玩笑，注意避讳，每个人都不喜欢别人拿自己的短处开玩笑，残疾人尤其如此。

总而言之，玩笑可以让我们的生活更加多彩，但是开玩笑时一定要掌握"度"，适可而止才能活跃气氛，增进彼此之间的友谊。

心理小贴士

开玩笑一定要了解对方的心理，健康的玩笑，具有巧妙的构思、精辟深刻的哲理、幽默滑稽的表现形式，但是，只有运用得当才可以使气氛和谐融洽，给生活增添乐趣，增进友谊和感情。

从心理学角度讲，场合对说话的影响与场合对交际者的心态和情绪的折射作用分不开。场合不同，氛围不同，人们的心情也不同，他们对一些问题的心理感受和理解的程度也会不同。同样一句话，在此场合被认为合理、有见解，在彼场合则可能引起人家的厌恶和反感。

场合不同话不同

在现实生活中，人总是在一定的时间、一定的地点、一定的条件下生活的，在不同的场合，面对着不同的人，不同的事，从不同的目的出发，就应该说不同的话，用不同的方式说话，这样才能收到理想的言谈效果。

[不看场合说话，容易"伤人"]

俗话说得好，一句话使人笑，一句话使人跳。说话是否得体，要看身处的环境和环境中的人。假如你说话随便，不看周围的情况，说出不合时宜的话，就会很难堪，甚至会伤害到别人。

一位早年毕业于某高等院校中文系、勤勤恳恳工作了几十年的老教师要退休了，为此，学校为他和另一位曾多次荣获过"先进"的老同志一并举行了一个欢送会。与会同志和领导对他们的工作和为人进行了热情洋溢而又非常得体的肯定和赞扬。相比之下，对那位曾多次荣获过"先进"的老同志的美誉更多一些。接下来，就该两位受欢送的退休老同志致答谢辞了，他们对大家的赞誉作了深情的感谢。

刹那间，会场里充满了一种令人动情的温馨气氛。作为答谢，话本该说到这里为止；然而，那位老教师却并未就此打住，却由人们对另一位"先进"的赞扬中引起了感触，并作了颇为欠当的联想和发挥："说到先进，很遗憾，我从来也没有得过一次……"话音未落，坐在他对面的、平日与他相处得不很融洽的一位青年教师突然抢了话头："不，那是我们不好，不是你不配当先进，是怪我们没有提你的名。"这一番话语中带着一种不肯饶人而又让人难堪的"刺"，再看老教师的眼角眉梢仿佛被"刺"出了一股感伤的表情，一时间会场中出现了一种让人不悦的尴尬气氛。

台下有一位领导见势不对，马上接过话茬，想把气氛缓和一下。照理说，他应避开"先进"这个敏感的话题，转而谈论其他。然而，他却反反复复劝慰那位退休老教师，叫他对"先进"的问题不要在意，说没有评过先进，并不等于不够先进，先进不仅在名义，更要看事实。如此这般，一席话，等于是把本应避而不谈的话题作了重复和引申，使本已尴尬的局面显得更为尴尬。

这是一个发生在我们现实生活中的真实的故事，在这里不妨把它叫做一个"不会说话的故事"。

说话要看是什么场合。若是不看场合，随心所欲，信口开河，想到什么说什么，就是一种"不会说话"的拙劣表现。

大文豪鲁迅先生有一篇散文《立论》，讲的是一户人家生了一个男孩，全家高兴极了。满月的时候，抱出来给客人看——大概是想讨点好兆头。一个人说："这孩子将来要发财。"于是这个人得到一番感谢。一个人说："这孩子将来要做官的。"于是这个人收回几句恭维。最后一个人说："这孩子将来要死的。"于是这个人得到一顿大家合力的痛打。

在这个故事中，孩子满月是喜事，主人这时愿意听赞美之词，尽管是信口之言，而说孩子将来必死虽然是有据之言，但必使主人火冒三丈。从心理学角度看，这就是因为言语与场合和喜庆的气氛不相协调。

综上所述，在庄严的场合言语也要庄严，在轻松的场合言语也要轻松，在热烈的场合言语也要热烈，在清冷的场合言语也要清冷，在喜庆的场合言语也要喜庆，在悲哀的场合言语也要悲哀。正所谓说话要看场合，到什么山唱什么歌。

[说话看场合，才会受欢迎]

李涛在一家日本公司已经工作多年，一次，他想请一天假，于是他走进部长办公室便说："我想请一天假，是否可以？"部长问他原因，他说："有人约我郊游钓鱼。"其实部长也是个钓鱼迷，但他还是很恼火地板着脸说："为什么非要明天，星期天不行吗？"李涛解释说，是女友约他出去钓鱼，他女友星期天不休息，部长只好勉强答应他的申请，但是之后对他产生了工作不认真负责的成见。

公司的另一名同事小张吸取了李涛的教训，有一次，他想请假和女友去滑雪，但他没有在办公室和部长请假，而是在中午吃饭时的轻松氛围内跟部长请假，于是部长笑眯眯地同意了他的申请，还认为他很有生活情趣。

由上述可知，你的谈吐以及说话话题的性质必须跟所处的场合协调，这也是塑造形象的一个重要部分。

从心理学角度来说，说话要看场合，常见的有以下几种区分：

1. 自己人场合和外边人场合

常言说：对自己人"关起门来讲话"，可以无话不谈，甚至可以说些放肆的话，什么事都好办。但如果是对外边的人讲话，要怀有戒心，"逢人只说三分话，未可全抛一片心"，办事嘛，通常是公事公办。

2. 正式场合与非正式场合

这个区分很重要，正式场合说话就应该严肃认真，事先要有所准备，不能胡扯一气。非正式场合，便可随便一些，像聊家常一样，便于感情交流，谈深谈透。现实生活中，有些人谈话味同嚼蜡，有人讲话俗不可耐，有些人说话文绉绉，就是没有把握正式场合与非正式场合的界限。

3. 庄重场合与随便场合

比如这句话"我特地跑来看你"，就显得很庄重；"我顺便过来看你"，就有点随随便便看你来了的意思，可以减轻对方的负担。可是，在庄重的场合说"我顺便来看你"就显得不够认真、严肃，会给听者的心里蒙上一层阴影。在平常的日子里，明明"顺便看你来了"偏偏说成是"特地看你来了"，有些小题大做，让对方感到紧张。

4. 喜庆场合与悲痛场合

通常情况下，说话应与场合中的气氛相协调。在别人办喜事时，千万不要说悲伤的话；在人家悲痛时，你逗这个小孩玩，逗那个小孩玩，说些逗乐的话，甚至哼哼民歌小调，别人就会说你这个人太不懂事了。

5. 适宜多说的场合与适宜少说的场合

说话的时候也一定要注意对方的情况，如果对方很忙，时间很紧，跟他说事情就得简明扼要。若这个时候你跟他谈笑风生，神侃海聊，主观愿望是好的，但不符合客观的要求，效果不会好。

心理小贴士

心理学讲究"到什么山唱什么歌，见什么人说什么话"。倘若你想在复杂的人际关系中大显一番身手的话，更得如此。否则，话说多了，歌唱错了，一切努力都会白费！再好的口才也是枉然！

古语有云"说者无心，听者有意"，你明明只是无心地说了一句话，却"有意"地伤害到了别人。轻则引起对方的反感，重则给自己引来灾祸。所以，当你在和陌生人打交道时，就需要注意对方的心理变化、谨言慎行，注意自己说话的分寸。

说话有心，不失分寸

常言道："一句话能把人说笑，一句话也能把人说恼"。现代社会是一个竞争与合作的社会，有的人在竞争中失败，有的人在合作中成功，这其中奥妙何在？答案其实就在说话的分寸之间！社交场上有"逢人只说三分话"、"点到为止"之说，政治场上有"领导过问了"、"研究研究"之说，生意场上有"一语值千金"之说，文化场上有"点睛之笔"、"破题人语"之说，社会上更有褒贬毁誉系于一言之说。由上述可知，在现代交际中，能否运用心理学揣摩对方心理，把握好说话的分寸，事实上影响着一个人立世的成功和失败。

[避免"无心之言"]

现实生活中，多数人都有过被别人的"无心之言"刺伤的经历，如果你心胸开阔，很可能在愤恨不快后原谅对方，但却无法再喜欢上他。但若是你心胸狭窄，说不定就会为他这一句话耿耿于怀一辈子。这种旁人一句随便说出的话，却弄得你如此"不得意"的现象，在心理学上被称为"瀑布心理效应"，即信息发出者的心理比较平静，但传出的信息被对方接收后却引起了心理的失衡，从而导致态度行为的变化等。这里所说的"瀑布心理效应"现象，正像大自然中的瀑布一样，上面平平静静，下面却浪花飞溅。

《史记》中讲述了这样一个故事，平原君赵胜的邻居是个瘸子。一天，平原君的小妾，在临街的楼上见到瘸子一瘸一拐地在井台上打水，大声讥笑了一番。这位身残志坚的仁兄心生不忿，于是找到赵胜反映这一情况，要求赵胜杀了这个小妾。见赵胜犹豫，此兄劝说道：“大家都认为平原君尊重士子而鄙贱女色，所以，士子们都不远千里来投奔您。我不过是有些残疾，却无端遭到你小妾的讽刺、讥笑。所谓士可杀而不可辱，请你为我做主。否则旁人会认为您爱色而贱士，从而离开您。”他的这番话使平原君恍然醒悟，终于毅然斩了这个说话没有分寸的小妾，并亲自登门道歉。

如上所述，故事中的小妾就是因为说话没有分寸才引来灾祸，历史上因一言不慎引来杀身之祸的人多不胜举，可见注意说话的分寸是件多么重要的事情。

事实就是这样，假如你想在社交场合中成为一个受欢迎的人，就必须时刻提醒自己不要犯无心伤人的错误，避免自己的一句闲话引起强烈的“瀑布心理效应”。

[怎样说话才不失分寸]

纵观古今中外，大凡有作为的人，都把说话分寸作为必备的修养之一。蜚声海内外的周恩来，他应变机敏睿智，言辞柔中有刚，就连谈判对手也情不自禁地露出赞许之态。外国领导人称赞他在谈判时“显示出高超的技巧，在压力面前表现得泰然自若，恰得分寸。”

20世纪90年代初，中国电影“金鸡奖”与“百花奖”同时在北京揭晓，著名演员李雪健因为主演《焦裕禄》的主角焦裕禄而同获这两项大奖的“最佳男主角”奖。李雪健在颁奖会上致辞的时候说：“苦和累都让一个好人——焦裕禄受了；名和利都让一个傻小子——李雪健得了……”他话音刚落，全场掌声雷动。这就是智者的表现，他恰如其分地运用对比的两句话，既歌颂了焦裕禄的高尚品质，又表达了自己受之有愧的心情，话头话尾很有分寸，给人留下了美好而深刻的印象。

从口才心理学来说，说话分寸是语言的最高艺术，是用语言表达思想感情的一种巧妙的形式。把握说话分寸的人，从来不会勉强别人与自己有相同的观点和相同的喜怒哀乐，他们善于运用有分寸的语言，准确、贴切、生动地表达出自己的思想感情，使自己在社交上八面玲珑，在办事时无往不利。相反的，如果不懂得说话分寸，最后只能使自己在社会上越来越被动，越来越陷入困境。

现实生活中，经常会耳闻目睹许多人惹是生非，有时闹到拳脚相向、兵戎相交甚至流血丧命的地步，细究起来，大多都是几句话惹出的事端。不要小瞧"话"这东西，与人相处是否和睦，与人共事是否顺心，干工作能否顺利，干事业能否成功，很多时候并不取决于事情是怎么办的，而取决于话是怎么说的。

从口才心理学角度讲，要想说话不失"分寸"，首先要提高自己的文化素养和思想修养，此外还必须注意以下几点：

首先，开口时要认清自己的身份。任何人，在任何场合说话，都有自己的特定身份。这种身份，也就是自己当时的"角色地位"。比如，在自己的家庭里，对子女来说你是父亲或母亲，对父母来说你又成了儿子或女儿。假如用对小孩子说话的语气对老人或长辈说话就不合适了，因为这是不礼貌的，是有失"分寸"的。

其次，陈述事实要尽量客观。这里说的客观，就是尊重事实。事实是怎么样就怎么样，应该实事求是地反映客观实际。有些人喜欢主观臆测，信口开河，这样往往会把事情办糟。但需要提醒的是，客观地反映实际，也应视场合、对象，注意表达方式。

最后，说话时一定要有善意。这里说的善意，也就是与人为善。说话的目的，就是要让对方了解自己的思想和感情。常言道："好话一句三冬暖，恶语伤人恨难消。"在人际交往当中，一定要掌握对方的心理，若能把握好这个"分寸"，你也就掌握了礼貌说话的真谛。

心理小贴士

从人际交往的心理来说，说话讲分寸，要做到慎言、忌口，同时还要注意说话的场合、地点和说话的对象，不要不管三七二十一，乱说一通。最后，还要把握好说话的内容和形式，做到该说的说，不该说的半个字也不说。

从心理学上讲，要说服别人，最大的障碍是对方的"心理防线"。因此，设法动摇对方的心理防线，是说服对方的关键所在。那么，如何动摇对方的心理防线呢？除了晓之以理外，更要动之以情。因为，人都是有感情的，有的时候感情的力量甚至超过了利益。

晓之以理，动之以情

心理学告诉我们，要想使你说话和表达与听者产生共鸣，需要来自你内心深处的声音，先要感动自己然后再感动别人，不为说话而说话，应以倾诉为方式，以心灵的沟通为要点，即可动人以情，并产生强烈的共鸣。说理可以服人，诉情可以感人，实不失为一种高超的说话技巧。

[说话的情感是行为的指挥棒]

在美国发生了这样一件事。有一位青年不小心从地铁的站台上掉了下去，这时刚好有一辆电车飞驶而来，虽然他万幸保全了性命，但却失去了一对手腕。于是，这个青年就对地下铁路公司提出控诉。结果，不管是地方法院的审判还是最高法院的审判，都认为这不是地下铁路公司的过失，而完全是青年自己造成的。最后，连这个青年自己也丧失了信心，对生活失去了希望。

经过漫长的等待，终于到了最后判决的日子，在这最后一场辩论中，法院竟宣判青年转败为胜，而且全体陪审员也一致赞同。而这全是因为在当天的最后辩论中，青年的辩护律师说了这么一句话："昨天我看到青年吃东西时，直接用舌头去舔盘子里的食物，使我不禁掉下了眼泪。"这句话使陪审团的判决来了一个一百八十度的大转弯。

心理学告诉我们，在说服时不要忽略了说话的情感。人的言行是由感情决定的，情感的号召力远比理性的号召力大。需要说服的情形很多。例如，人们在极度失意的时候，或在反抗的时候，或在需要花费金钱和努力的时候，为了让他们和你的想法同步，你要用情感成功地打动对方。

有个女孩想要求母亲为自己买一条裙子，这是一个简单得不能再简单的要求。但是，女孩怕遭到拒绝，因为她已经有了一条裙子，于是采用了一种独特的方式。她没有像其他孩子那样苦苦哀求，或撒泼耍赖，而是一本正经地对母亲说："妈妈，你见过没见过一个孩子，她只有一条裙子？"就是女孩这颇为天真而又带点小计谋的问话，一下子打动了母亲的心。事后，这位母亲谈起这事，说到了当时自己的感受："女儿的话让我觉得若不答应她的要求，简直有点对不起她，哪怕在自己身上少花点钱，也不能太委屈孩子了。"

一个尚未成年的孩子，一句动情的话就说服了母亲，满足了自己的需要。

[感人心者，莫先乎情]

罗曼•罗兰说过："情感是一种巨大的力量，在它面前，纵然是坚冰也能被融化。"声情并茂是一个人具有杰出口才的标志。我们说话的目的往往是想打动听者的心，而感人心者，莫先乎情。感情是打动听众的有力武器。

美国前总统林肯在未当总统之前是一名律师。有一次，一位颤颤巍巍的老妇人找到他，诉说了自己的不幸，请求他帮助。老人是独立战争时一位军人的遗孀。丈夫战死后，她就靠不多的抚恤金维持生活。按照常理，对这位烈士的遗属，原本应该好好照顾。可是，负责发放抚恤金的出纳却欺侮她，在老人领取抚恤金时，要她交手续费，而手续费竟占去抚恤金的一半。

听完老人的诉说，林肯非常气愤，他答应帮助老人起诉，维护老人的权益。

开庭之后，被告竟矢口抵赖，而老妇人一方又没有任何证据。林肯非常清楚这次辩护的艰难，因为被告的勒索只是口头向老妇人提出的，既没证人，又没证物，在被告不承认的情况下，对原告一方很不利。

当轮到辩护人林肯发言时，他没有去指责被告的不道德，而是面对听众，用那极富感染力的声调去描绘当年的独立战争。在说到那些爱国志士在冰天雪地中浴血奋战之时，他的嗓音哽咽了，眼里闪着泪花，把听众带到了对战争场景的回忆中。所有在场的人都被他动情的语言所感染，有些人在暗暗地流泪。

林肯继续说："现在这早已成了历史，那1776年的英雄早已长眠于地下，可是他那衰老的遗孀却在我们的身边。可以想象，这位老人从前也是一位美丽的少女，曾经有过幸福的家庭。可她为残酷的战争付出了失去亲人的代价，变得贫穷而无依无靠，只得向我们这些享受着先烈们争得到的自由的人们求助。各位朋友，难道我们能熟视无睹吗？"

林肯的发言结束了，听众们早已被打动了。有的眼泪直流，有的解囊相助，有的竟扑过去要撕扯被告。被告一时陷在了千夫所指的困境之中。在大家的一致要求下，法庭谴责了被告，并通过了保护烈士遗孀不被勒索的判决。

人是一种受感情支配的生物，林肯正是抓住了这一点，运用了以情动人的心理术，最后大功告成。如果你试图去说服谁的话，就必须设法打动他们的感情。

心理小贴士

在与人交谈时，往往都是那些朴实、质朴的语言最让人感动。会说话的人，懂得运用"以情动人"的心理术，轻松突破人的心理防线，这是一种高超的口才技巧。

常言道：酒逢知己千杯少，话不投机半句多。与人见面时，假如能选择对方也有兴趣的话题，就能促使双方成为好朋友；反之，假如所谈的内容令对方反感，即使多年老友也会恨不能拂袖而去。所以，在与人交谈之前，最好能先了解对方的性格、兴趣，然后配合当时的气氛、实际情况和对方的心情，来调整自己的谈话内容。

共鸣感让话更投机

从心理学角度说，在与人交流时，你得找到与对方共同的话题，和对方产生共鸣，这样双方的交谈才能够愉快进行。假如话题选择得好，可使人有一见如故、相见恨晚之感；反之，则会导致四目相对，局促无言。

[找到共鸣，皆大欢喜]

老何是一家公司的采购，前一段出差住在一家旅店，一个先他入住的人悠闲地躺在床上欣赏电视节目。老何放下旅行包，稍稍洗了一下，冲了一杯浓茶，对那位先他而来的人说："师傅来了多久啦？""没多大一会儿呢。"

"听口音你是北京人吧？"

"噢，保定的！"

"啊，保定是个好地方啊！我在读小学时就在《平原枪声》的连环画上知道了。三年前去了一趟保定，还颇有兴致地到白洋淀玩了一次呢，白洋淀雁翔队的故事我可喜欢看了！"听了老何这番话，那位保定的客人立马来了兴趣，两人从白洋淀和雁翔队谈开了，那亲热劲儿，不知底细的人恐怕会以为他们是一道来的呢。

从心理学角度看，他们两人从相识、交谈到最终的熟悉，就在于彼此间找到了"白洋淀"、"雁翔队"这些双方的共同点。

事实上，寻找共同话题的最大困难就在于不了解对方，因此同他人交谈首先要解决好的问题便是尽快熟悉对方，消除陌生感。你需要设法在短时间内，通过敏锐的观察初步了解他：他的发型，他的服饰，他的领带，他的烟盒、打火机，他随身带的提包，他说话时的声调及他的眼神等等，这些都能为你提供了解他的线索。

假如他是屋子的主人，了解他便会有更多的依据：墙上挂的画，橱柜里的摆设，台板下的照片，书橱里的书等等，这一切都会自然地向你袒露关于主人的情趣、爱好和修养等等。假如你事前就知道将要和一个陌生人见面，那么就不妨在见面之前通过别人打听一下这位陌生者的情况，这对于就要开始的彼此交谈是非常有利的。

第一次与陌生人交谈，最能从内心深处感动他的人和事，莫过于他的家庭。因此，你要做的就是拨动他心里最敏感、最脆弱的那根弦。

罗斯福是美国历史上最伟大的总统之一，只要是拜访过他的人，都会感到很惊讶，因为不管商界名流、政治明星还是农夫、牧童，都可以和他谈得很投机。而秘密就在于他深知捕获人心的捷径：谈对方最感兴趣、最引以为豪的东西。据总统身边的工作人员介绍说，罗斯福总统在接见任何来访者之前，都会事先了解他们的工作、生活、家庭、事业等方面的事情，以及对方感兴趣的话题。

从心理学角度来看，事先了解他人，就能找到双方谈话的投机点，而共同的兴趣爱好是结交朋友最自然也是最有效的方法。

这种方法运用在销售中同样奏效。有一次，一位业务员去一家公司销售电脑的时候，偶然看到这位公司老总的书架上放着几本金融投资方面的书。这名业务员刚好对金融投资比较感兴趣，因此，就和这位老总聊起了投资的话题。结果两个人聊得热火朝天，从股票聊到外汇，从保险聊到期货，聊人民币的增值，聊最佳的投资模式。最后，他们聊得都忘记了时间。

直到快中午的时候，这位老总才突然想起来，问这名业务员："你销售的那个产品怎么样？"这名业务员马上抓住机会给他做了介绍，老总听完之后就说："好的，没问题，咱们就签合同吧！"

综上所述，和对方找到共同话题达到"共鸣"，你轻松，他也高兴，可以说是皆大欢喜。

[怎么找到有"共鸣"的话题]

"共鸣"是一种很强烈的心理认同感。要想和对方有"共鸣"，关键是找话题。有人说："交谈中要学会没话找话的本领。"所谓"找话"就是"找话题"。写文章，有了好题目，往往会文思泉涌，一挥而就。交谈时，有了好话题，就能使谈话自如。好话题的标准就在于：双方熟悉，能谈；大家感兴趣，爱谈；有展开探讨的余地，好谈。

有位心理学家曾经说过这样一段话："在去钓鱼的时候，你会选择什么当鱼饵？虽然你自己喜欢吃起司，但将起司放在鱼竿前端钓不起半条鱼。所以，即使你很不情愿，也不得不用鱼喜欢吃的东西来做鱼饵。"谈话也正是如此。不管你对某个话题如何感兴趣，有再多的高见，如果对方不想听，你说了也是白说。

那么，怎么找到交谈中有"共鸣"的话题呢？不妨从以下几个方面着手：

首先，要选择对方关心的事件为话题，把话题对准对方的兴奋中心。这类话题是双方想谈、爱谈又能谈的，人人有话，自然就能说个不停了，还可以引起双方的议论，导致"语花"飞溅。

其次，巧妙地借用彼时、彼地、彼人的某些材料为题，借此引发交谈。有人善于借助对方的姓名、籍贯、年龄、服饰、居室等等，即兴引出话题，常常取得较好的效果。关键就在于灵活自然，就地取材，其好处就在于要思维敏捷，能够达到由此及彼的联想。

第三，先提一些"投石"式的问题，在略有了解后再有目的地交谈，便能谈得更为自如。比如，在乘火车时见到陌生的邻座，就可先"投石"询问："你老兄是哪里人呀？"这就有了和对方"共鸣"的机会。

第四，就是问陌生人的兴趣，循趣发问，能顺利地进入话题。若对方喜爱扑克，便可以此为话题，谈打扑克的情趣。假如你对扑克牌略通一二，那肯定谈得投机；假如你对扑克牌不太了解，那也正是个学习的机会，可静心倾听，适时提问，借此大开眼界。

最后，不妨在缩短距离上下工夫，力求在短时间内了解得多些，缩短彼此的距离，力求在感情上融洽起来。孔子说："道不同，不相谋。"志同道合才能谈得来，才能够发生"共鸣"。如果想要谈得投机，可以在"故"字上面做文章，变"生"为"故"。

心理小贴士

谈话时也要注意对方的心理变化，要想谈得投机，谈得其乐融融，双方就要有一个共同感兴趣的话题，要能够引起双方的"共鸣"。只有双方有了"共鸣"，才能够沟通得深入、愉快。事实上，只要双方稍微留意一下，就肯定能发现彼此对某一问题有相同的观点，在某一方面有共同的爱好和兴趣，有某一类双方都关心的事情。

学点心理学，
做事更有效率

——●——

6

　　现实中，人和人的做事效率相差很大。即使智力相同，也会因为做事的效率不同而取得迥异的成就。其实，成功者与失败者之间只存在一个差别，那就是否拥有做事的技巧。假如你了解了自己的心理特点和规律，合理地调整和改变自己，就可以提高效率。那么，成功将指日可待！

习惯是一种可怕的力量，我们总是习惯了社会上的框架，做事只要按照规则来就不会出错。心理上总是暗示自己遵章守纪，感觉即使没有大的成就也无所谓，毕竟没有错误产生。人们的这种心理实质上是一种懒惰。一个人若想要出奇制胜，开创新局，必须走出牌理的束缚，只有这样才能做成大事。

改变人云亦云心理

当遇到事情的时候，我们需要的不是人云亦云，虽然这样大多时候可以让人明哲保身，但是，框架向来不是用来约束那些有创意、有魄力的人的。逆势操作，甚至惊世骇俗，才能突破、成功、高人一等！

[打破传统思维的束缚]

从心理学的角度上，也许你会思考：打破了牌理，会不会遭到其他人的反对和排挤。人要拿得起，放得下。做什么都要抛弃不必要的顾忌，这个世界上不管你做什么，有支持的声音就有反对的声音，难道因为这样就什么都不去做吗？

传统格局是用来打破的，做事循规蹈矩，永远不可能突破出来，就像办公室里升迁最快的往往不是工作最勤奋的。重新回味一下田忌赛马的故事，我们也许可以感悟到更多。

齐国大将田忌深爱赛马，一次，他与齐威王约定，进行一场比赛。他们的规则是：把各自的马分成上、中、下三等。比赛的时候，上马对上马，中马对中马，下马对下马。很显然，齐威王的每个等级的马都比田忌的马强得多，所以比赛了几次，田忌都失败了。田忌万分失望，比赛还未结束，就气馁地离开了马场。

这时，田忌听到人群中有个声音招呼他，一看是自己的好友孙膑，孙膑拍着田忌的肩膀说："我刚才看了你们赛马，大王的马比你的马也快不了多少啊。"孙膑还未说完，田忌就狠狠地瞪了他一眼："想不到你也来挖苦我！"孙膑笑着说："没有这个意思。你再同他赛一次，我保证能让你赢。"田忌用怀疑的眼光望着孙膑。

齐威王赢了田忌心里正在得意，看到田忌和孙膑走过来，讥讽道："怎么，莫非你还不服气？"田忌倒在桌子上一大堆钱，作为赌注，齐威王暗自发笑，不仅把几次赢得的钱都作为赌注，还外加一千两黄金。第一局，孙膑用田忌的下等马对齐威王的上等马，威王赢；第二局，田忌的上等马对威王的中等马，威王输；第三局，自然使用田忌的中等马对齐威王的下等马，威王输。田忌三局两胜。

同样的马匹，只是换一下排列顺序，便转败为胜。此胜不是马之力，而是谋之效。由此可见不按牌理出牌所创造的契机，确实能给我们带来空前的成功。许多成功人士也都是类似田忌的突破传统、不按牌理出牌的人物。即使这种做法有风险，可是，面对常规的固定结局，突破一下为何不可呢！机遇就是在这里产生的。

[赢在不按"牌理"]

心理学告诫我们：改变思路，改变出路，赢在不按牌理出牌。

凭直觉和经验，打破常规，大胆创新，不必按牌理出牌。

在易中天出现在"百家讲坛"之前，人们也不知道三国原来可以这么讲，所以，不按牌理的易中天成功了。

"牌理"是缠在我们身上的枷锁，当我们背着这个枷锁前进的时候，身心都是疲惫乏力的。德国就有这么一个逆向而行、不按牌理的酒店。

经营酒店的人，一般都希望顾客喝的酒越多越好，这样老板赚的钱也越多。

但在德国有一家叫"凯伦"的酒店却反其道而行之，在酒店的经营法则中明确表示决不让顾客醉酒。这家酒店供应的各种美酒也都是经过特殊处理，虽然酒香浓郁，但所含酒精度很低。顾客即使开怀畅饮，也不容易醉酒。因此吸引了大批顾客，许多顾客都是好奇而来，尽兴而归，酒店的回头客相当多。特别是那些厌恶丈夫酗酒的妻子，更是喜欢这家酒店，有的还经常陪着丈夫来就餐。

商机就在这样的特立独行中滚滚而来。

做人做事都是一个道理。一味地遵守所谓的规则，久而久之，大脑也就变得迟钝了。

心理小贴士

也许，第一次的不按牌理使你遭遇了挫折、失败，但是，谁都有犯错的时候，不犯错很难学到新的东西。大胆设想，小心求证。生活中的真理就是在一步步地前进中得到证实的。

诸葛亮《诫子书》云：夫君子之行，淫慢则不能励精。意思是说，凡事拖延就不能快速地掌握要点。孔明在教育孩子的时候，就已经想到了要快人一步，注重速度的力量，这与我们今日做事的态度不谋而合，真可谓是高人之见。做人做事，快人一步，就能更大把握地抢占先机，达到目的，实现理想。

改变盲目从众心理

在唐玄宗李隆基眼里，杨贵妃的丰腴就是女人美的标准，丰腴就成了当时的流行，于是举国上下的女子皆为这种美而增肥，男人也效仿皇帝，以选中丰腴的女子为妻、为妾而自豪。这种现象在现在看来，似乎荒唐，但类似性质的事情不还在持续发生吗？"跟风"行为就是很典型的一个例子。遇事没有了主见，大脑不去思考这道程序，就会变得盲目。

[丢掉跟风的思想]

也许是中国漫长的五千年历史的影响，中国人普遍地都习惯了慢节奏、跟着别人走的生活节律。别人怎么做，我也怎么做，枪打出头鸟啊！保险的做事态度让人感觉稳妥，不会出乱子。

其实，许多人都想出人头地，可能因为这样的想法遭受过一两次的打击，于是就退出了竞争场地，认为打理好自己的一亩三分地就很不错了。许多人拥有了这种思想之后，就很难再在事业上有大的突破，往往会一直平凡下去，甚至有可能遭遇被淘汰的命运。社会在进步，一味地跟从，只会显得你无能。

有能力的人也许第一次快速行动的时候遭遇了老板的反对，但是，至少他是积极的，聪明的老板都能看到这一点，下一次他成功了，你们之间就差开了一个层次。因为你的缓慢、犹豫不定、害怕标新立异，因为你所有的这些不良的心态，就注定要比别人走得慢，爬的低。所以，一定要丢掉你所谓的"自保"心理，加紧步伐，走在别人的前面，只有这样，你才能比别人先看到机会，只有这样，你才能拥有比别人更多的机会抓住机遇，抢占先机。

［快人一步，抢占先机］

在丢掉了慢慢来，盲目跟风的想法后，要做到快人一步，就必须付诸实践。任何事情在养成习惯之后，就很难再改变了。为了自己的事业，为了自己的未来，一定要快人一步，抢占先机。

一日之计在于晨，一年之计在于春。岁月不饶人，事业不等人。要抱着只争朝夕的想法，不能拖拖拉拉、松松垮垮。早尽早着手，也许是危机当前，但危中有机，必须从心理上树立强烈的机遇意识，才能抢占先机，一步步领先。任何工作都要立足早谋划、早布置。面对周围，更要有"快人一拍"的时机意识和早作准备的精神，要有"逆水行舟，不进则退"的忧患意识和危机意识。只有这样，才能高人一筹。

一个"先"字使一切变得主动。人们需要培养的就是这样的主动意识，心理上倾向于"先"的思想。在很多情况下，人们缺乏的不是机遇，而是浓厚的机遇意识和争先意识。把握和用好机遇，特别是能在重要的战略基于时期大有作为，把握好时间差、空间差、信息差和制度差。当宏观环境有利时，乘势而上，能快则快；当宏观环境偏紧时，迎难而上，实现稳中求进，抓住危机中的机遇。这样就实现了快，抢占了先机。抢占先机，很大程度在于思想解放的程度，思想解放先人一步，抢抓机遇高人一筹。

在以前的短跑比赛中，运动员们总是习惯以站立的起跑姿势，这种姿势毫无疑问被认为是起跑最快的姿势。然而，在1896年首届奥运会的百米跑道上，美国选手伯克采用了双手按地的"蹲式"起跑，观众们见状笑的前俯后仰，都认为他是"疯了"。

然而，就是这种"奇怪"的起跑姿势却缩短了起跑的时间，在出发的瞬间取得了优势，不仅使伯克取得了冠军，也使"蹲式"起跑成为田径场上长久的经典形象。当记者追问伯克是怎样想到这种姿势的时候，伯克微笑着说："我就是不断地尝试新的起跑姿势，当别人固定在'站立式'时，我比别人拥有了更快的想法，就这样，很简单，不是吗？"

抢占先机的心理是取胜的灵魂。

一位商人，经营大蒜。一天他突然关注起阿拉伯的大蒜市场，他认为那里应该有很大的市场。于是，他带着两麻袋大蒜，骑着骆驼，一路跋涉到了遥远的阿拉伯。正中他的猜想，那里的人们从来没有见过大蒜，更想不到世界上还有味道如此美好的东西，因此，他们用当地最热情的方式款待了这位聪明的商人，临别还赠与他两袋金子作为酬谢。

另一位商人听说了这件事后，不禁为之动心，他想：大葱的味道不比大蒜要好吗？于是，他带着大葱，来到了阿拉伯。那里的人们同样从来没有见过大葱，甚至觉得大葱的味道是世界上最美味的东西了。他们更加盛情地款待了这位商人，并且一致认为，用金子远不能表达他们对这位远道而来的客人的感激之情，进过再三商讨，他们决定赠与这位朋友他们国家最珍贵的东西——大蒜！

生活的道理不就是这样的吗？你快人一步，抢占先机，得到的是金子；而你步人后尘，东施效颦，得到的可能就是大蒜！甚至有可能什么也得不到，还亏了本呢！这也正是所谓的心理战术！

心理小贴士

要想从根本上改变盲目从众的心理，加快步伐，为自己赢得机遇，就必须从思想上重视起来，做每件事都要认真考虑，迅速行动。当你把这种思想练习成为一种做事习惯的时候，你就会自然而言地不再拖沓，变得优秀了。机遇不属于你，还会属于谁呢？人生就是这样，不要事事都等到搞砸了才来后悔，机遇从来不会垂青那些有言无行的人们！赶快行动吧，机遇就是在你的追赶中降临的！

老子《道德经》云："知人者知，自知者明。"我们往往关注别人的优势，针对别人的优点而做对策，也许，你成功了，但是还有一个更加省力的捷径：摸准对方的软肋。每个人的心里都有最软弱的地方，盯住他们的优点不放，致使自己处于劣势，手足无措，何不换种方略，事半功倍呢！

改变看准优点不放心理

每个想要有所成就的人都想尽快掌握竞争对手的心理，弄清他想要的，从而有的放矢。别人的优势我们往往难以攻破，那毕竟是他们身上最为强悍的地方，但是，换个角度思考一下，我们可以针对他们的弱点，金无足赤，人无完人，谁都存在某些缺陷，这就是"软肋"。而且，这些"软肋"，往往又不易改善，它犹如人之咽喉，扼之可致身亡；它亦如蛇之七寸，击其可致殒命。

[所谓"软肋"]

无论优点还是缺点，都是人的心理弱点，都是对方的"软肋"，都是你说动对方的突破口。人的缺点：自私、势利、不耐烦……人的优点：自尊、好强、同情心……用好这些优点缺点，就可以百说百中。

人们的弱点大多可归纳为几种，诸如，心理定势、好胜心理、势利心理、贪婪心理、多疑心理、被感动、喜欢好人、喜欢积极主动的人、好奇心理等等。那么下面我们就简单介绍几种心理状态。

1. 心理定势

文学名著《约翰·克里斯朵夫》有这样一段话："多数人本质上只活到二十或三十岁，这个年龄层一过，他们就成了自己的影子，余生也只是在模仿自己的过程中度过，并且以一天比一天更机械、更离谱的方式，重复他们以前说过的、做过的、想过的、爱过的人与事。"

所谓的心理定势，就是人们习惯于自己的思维，而且很难有所改变。人们总是固执地坚持自己的想法，认为"只有这样是正确的，我的经验告诉我没错"，极度自信。而心理定势一旦形成，人们很难再去望向其他领域，只关注自己狭小的思想空间、做事方式。许多人乐于沉醉在自己狭小的思维里，这种熟悉的方式成为了他们的"安乐窝"，可是，这种定势心理很容易被别人抓住把柄，从而一举攻破你的"堡垒"。

一旦掌握对方有这种心理定势的缺点，那么事情就好办了。他们固执守旧，你只要转动一下小脑筋，就可以轻松地置他们于劣势，从而掌握主动权。

2. 好胜心理

好胜心是一种很普遍的心理状态，适度的好胜心可以引导人努力奋进，是人们在学习、工作和事业上取得进展的一种巨大动力。但是，人们往往难以把握好这个度，过分地好强，事事都要与人争个高低。而这种心理很容易导致人由于不甘失败而采取过激行为。三十六计中的"激将法"针对的群体大多都是好胜心理强的人。把握好对手的这个心理，采取适当巧妙的措施，不失为一种良策。

3. 人人都会被感动

别人帮助你，对你善，你会感动；看到电影小说里的感人故事，你也会感动流泪。类似的感动情况从心理学角度解释是：认同。无论认同了电影或小说里的什么角色，感动都可能发生。而所谓认同可以通俗理解为：在那一刻你具备了和客体相同或相似的处境。

感动来源于人的自我本身，任何人都有自己的思想认识和标准。人人都会被感动，这谈不上是缺点还是优点，在某些时候，"感动"也可以被拿来当作武器，不违背原则地利用一下感动，也是个不错的方法。

4. 好奇心理

有一部电影的名字叫：好奇害死猫。单单听这个名字你就能感觉到好奇的威力了。中国幸福学认为，人的本性是不满足。好奇心就是人们希望自己能知道或了解更多失去的不满足心态。牛顿对一颗落下的苹果的好奇，发现了万有引力。

好奇心在很大程度上能促使你前进。但是，在竞争的过程中，它同样有可能成为一个人的弱点，从而被人利用。好奇心，一把双刃剑，你要懂得利用它的双面性，这样才可以助你的事业一臂之力。

懂得人性的弱点，善于利用人性的弱点，从心理上战胜对手，这绝对是一部值得研究的深奥的书。

[针对"软肋"，快速出击]

掌握了对手的"软肋"，接下来，就是选择应对方案的问题了。具体情况具体分析，但是，前提是你弄清楚了对方的真实"软肋"，而不是别人的障眼法，因为在你摸清对方的弱点时，也要提防对手"以其人之道，还治其人之身"。

下面的例子就是有关隋朝怎样抓住陈后主的弱点，一举歼灭南朝。

历史上陈后主最致命的"软肋"莫过于"荒淫无度，不理朝政"，所以他的灭亡也是必然的。

陈后主陈叔宝即帝位之时，北朝的隋文帝杨坚正在大举任贤纳谏，减轻赋税，整饬军队装备，并彻底消除奢靡之风，随时准备攻下江南富饶之地，而陈后主此时还过着悠然、奢侈的生活，他不仅沉迷于女色，不理朝政，而且臣民也流于逸乐，这在很大程度上给予隋朝有利的可乘之机。

陈后主身边的妃子众多，当时陈后主在光照殿前，又建"临春"、"结绮"、"望仙"三阁，高耸入云，其窗牖栏槛，都以沉香檀木来做，至于其他方面更是宛如人间仙境。此外陈后主更把文学大臣一齐召进宫来，饮酒赋诗，通宵达旦。并且滥施刑罚，对于虎视眈眈的大隋朝毫无防备。毋庸置疑，在他统治期间，陈的政治统治是日趋腐败，抓住陈后主"荒淫无度"这根"软肋"，隋以晋王杨广为元帅，一举攻灭了建康城。陈后主与张贵妃、孔贵人避入井中被俘，陈亡。

倘若陈后主认清自己的"荒淫无度"，认识到自己的"软肋"，能够及早防备，隋军不见得就轻而易举地渡过长江天堑；如果守城军士十万人能够齐心协力，隋军又焉能不战而屈人之兵；假使城破之时陈后主能够奋其勇毅，登高一吁，未尝不可以收拾军心，重整旗鼓，拼掉韩擒虎的区区五百人马。

心理小贴士

"软肋"是潜而不见的危机；"软肋"作为人最大的弱点或缺陷就会致人于死地。

对恶人来说，他的恶实际也是弱点、"软肋"，巧妙利用，也能办成大事。常言道："恶人自须恶人磨"。有些事依常理、按常规去办，经常无法奏效。特殊情况下办特殊的事，就需用特殊的非常手段。利用恶人制伏恶势力，办成大事就是其中的妙招之一。

有时，他人的隐情也是一种弱点，借用对方的隐情使自己大获其利，也是许多高明者的制胜绝招。看来，摸准对手的软肋，对我们的成功大有帮助，但也要注意这个度，凡事皆要有度。

人们从内心深处总是喜欢机遇，而逃避竞争。殊不知，机遇与竞争并存，机遇之花往往就盛开在竞争的过程之中。逃避竞争的同时，机遇也就离你而去了。正确面对与对手的竞争吧，它带给你的不仅仅是竞争的快乐，还有自身能力的提高。人类的发展离不开竞争，从心理上接受竞争，做一个善于在竞争中生存的强者。

改变害怕竞争心理

竞争从来都是残忍的，因为竞争必须要有结果，不是你"死"就是我"亡"。为了在竞争中永不失败地占有一席之地，必须要时刻保持自己独特的优势，人无我有，人有我优，人优我转。所以从这一系列的逻辑上看，机遇和竞争是同在的，为了在竞争中获胜，你要不断地学习新知识，这难道不是一件好事吗？

[培养健康的竞争心理]

有了竞争，才显现出优势，竞争使人们充满了希望，克服掉惰性；竞争也容易使人在长期紧张生活中产生焦虑，不健康的竞争心理有可能引起人的消沉、动机不良、精神变态等。所以，健康的竞争心理是保证竞争和平、公正进行的必要条件。健康的竞争心理是建立在健康心理基础上的对外界活动所作出的一切积极向上、奋发进取的个性反映。与对手保持良好的竞争状态，对双方而言，有利无弊。竞争之中才会绽放出机遇之花。

从心理方面而言，竞争是一种复杂的心理组合。它可以激发人的动机，使动机处于活跃状态。因为竞争，人们会产生不甘落后、力争上游的心理。另外，竞争也可以对人的智力起到强化作用，促使人的知觉更敏锐准确，注意力更集中，充分发挥人的创造性。培养健康的竞争心理要注意以下几个方面的内容：

1. 竞争之中当舍弃妒忌

就像在赛跑途中，总有人因为妒忌，使绊摔倒比自己强的人，不让对手超过自己，这不仅是一种犯规动作，对自己也绝无好处。因为妒忌在竞争中是无能和卑鄙的代名词。所以，竞争的第一忌就是妒忌。有时候，你也会遇到这种情况，明明某人比自己条件差，却先于自己受重用，升迁得快。这个时候，你要客观地正视这种客观现实。发掘自己更强的优点，在下一次竞争中争取机会。

2. 竞争中要保持心理上的稳定情绪，避免大起大落

有竞争就有强弱之分，而弱者就必须承受住失败的打击。一次失败，并不说明在将来的竞争中注定也要失败，一方面的失败，并不说明你事事不如人。克服因为失败产生的自卑心理，选好努力的方向，下决心追赶才对。自暴自弃最后受伤的还是自己，何苦呢？

3. 人人都有成功的机会

成功有先后，胜利有迟早，社会是向前进的，所以，而我们为什么不乐观向上地投入竞争，发展强大自己呢？切不可因小失大，图一时之利而背弃了远大目标，争一日之长而损害了自己的素质和品质。

美国前总统布什有过这样平淡但经典的话：事业上的竞争与做人是不矛盾的，良好的品格修养只会在竞争中有利于自己。

[善于抓住竞争中的机遇]

善于在竞争中发现机遇，抓住机遇，是一个人成功的能力要求。有的人总是脑袋里幻想着机遇的降临，行动上却不肯有所付出，害怕竞争带给他紧张与失败。在他们躲避竞争的同时，机遇大概也就匆匆而过了吧！就像最美丽的花儿总是生长在悬崖边上，没有冒险拼一拼的魄力，你永远都得不到。

一个合资公司的三个白领，他们都觉得自己的能力很不错，想要得到上级的赏识。三个人都在暗自努力，想怎样在见到老总的时候展现自己最有才干的一面。小张大多数情况下只是这样子想想：我什么时候才能见到老总呢？我时刻准

备着展示我最好的一面啊!

但小张不知道的是,他的同事小王比他更进一步,小王主动去打听老总上下班的时间,算好老总大概会何时进电梯,他便也在这个时候去坐电梯,希望能遇到老总,有机会打个招呼。

小张和小王都没有想到更加厉害的小李是怎么做的。小李首先详细了解了老总的奋斗历程,弄清了老总毕业的学校、人际风格、关系、个人爱好等问题,精心设计了几句简单却分量十足的开场白,在计算精确的时间去坐电梯。跟老总打过几次招呼后,终于有一天,小李得到了跟老总长谈的机会,不久后,小李升到了部门主管的位置,而小张和小王却还在按照原计划等待着他们期待的机遇。

同样的竞争环境,竞争的结果却高高低低。小李的聪明之处,在于他深刻理解职场竞争中的规则:工作和心灵沟通是相互关联的。老板需要的是首先能在心理上跟他有共同语言的人,而前两位只把目光放在了自己的工作上,完全没有从老板的角度考虑问题,适合他们的大概还是打工的身份吧!

从《乔家大院》中我们可以看到晋商的聪明和成功,他们不仅积累了巨额财富,而且还把自己的商业范围扩展到了全国。商界的竞争向来是残酷异常的,是什么力量使晋商的经营领域独占全国市场的半壁江山?他们善于竞争,竞争对他们而言,向来就不是什么坏事。朱元璋不花一分钱养活了百万雄兵。他让想要经营食盐的商人先往北方的边关送粮食,然后才许可他们的食盐经营权。晋商在这场艰难的竞争中不仅没有损失,还借此机会把自己的买卖扩展到了全国,这就是晋商抓住的一次大机遇。

总而言之,竞争与机遇并存,把握好自己的人生做事态度,机遇就会偏向你。

心理小贴士

竞争需要技巧,要善于和人进行心理上的沟通,往往会为你赢得更大的机遇成功。但是,切记不可做的过分,会招惹到别人反感。机遇不仅青睐有准备的头脑,在所有的头脑都做好准备的时候,往往更加青睐那些准备得更加充分的头脑。所以,不时地为自己充充电是应对竞争的一个不错的选择。

子曰：见贤思齐焉，见不贤而内自省也。孔子的这番话成为后世儒家修身养德的座右铭。晋•傅玄《太子少傅箴》："近朱者赤，近墨者黑。"你的态度决定你的一切。紧盯着你上面的人，时间久了，自身也就有所提高，而一味地盯着比自己差的人，同样道理，时间久了，你也会变得和他们一样。道理简单，但实行起来却未必容易。

注意力别只停留在你身边

迈克尔•帕内斯的《股市潜规则》里有这样的一个章节，他强调了在股市里人们要克服"博傻心理"。所谓"博傻心理"，是人的一种本性，每个人都会有"明知"而偏偏"故犯"的时候，这时候就是"博傻心理"在作怪。

在生活和工作中，大多数人也总是爱犯类似的错误。明明知道自己应该向优秀人士看齐，应该关注在自己上面的人，但是，实际往往是，目光狭隘，只关注与自己平齐或者低下的人，俯视别人，就觉得自己很不错，小家子的自满心理。要想提高自己的整体水平，必须要克服这种盲目的"博傻心理"，调整心态，积极看向前方。

[欣赏"贤者"]

比你优秀的人自然有比你优秀的资本，拥有一颗欣赏之心，学会欣赏，对你而言，将是一笔巨大的财富，因为在你学会欣赏别人的同时，你也得到了别人的欣赏和尊重。

"一花一世界，一叶一乾坤。"一朵花中隐藏着的是一个真淳的世界，一片叶子中遮掩的是一个丰沛的乾坤。学会欣赏，你就能够发现。

欣赏要怀有一颗谦逊之心。夜郎自大的人，眼里只有自己身上微小的光芒，活在自我陶醉的世界，而欣赏则要将目光向外看，向上看。穿越千古的沧桑，孔子的神态依旧谦恭，"三人行，则必有我师焉。"一代圣人时刻保持着自谦之心，因此一生都能欣赏到他人身上的优点，不断发出"贤哉！回也！"这样对人的夸奖，终于集众人之智，光亮千秋。放下高傲的心，抬起头，目光才能望得远，欣赏到别人的优异，不是吗？

欣赏要拥有一颗博学之心。"世界上并不缺少美，只是缺少发现美的眼睛。"然而，往往不是没有看到美，而是不愿意或者不能读懂别人的美，在你短浅的目光里，你也许根本就不觉得那美是美。就像知识浅薄的人面对毕加索的画永远都是迷茫与不屑。因此，我们要不断扩充知识，从学习中收获智慧，善于思考，凭一颗博学之心去欣赏别人更高境界的人生。

欣赏要抱有一颗向上求索之心。欣赏美，欣赏"贤者"，更要懂得如何创造同样甚至更高水平的美，懂得如何达到与"贤者"相同的境界或者更高的境界。深化欣赏的不二法门就是积极求索。

[紧盯在你上面的人]

和最优秀的人一起做事，其实是每一个人的渴求，是一种机缘，更是一种恩赐。人与人之间共同相处其实也是一个相互影响的过程。紧盯着在你上面的人，迟早你也会成为别人上面的人。他们的做事态度和风格对你都会产生或小或大的影响。

想要成为老板的人，就应该以老板的眼光做事。凡是在你上面的人，往往都有值得你学习的地方，他在你前面，你就要思考为什么人家可以比你优秀，比你升迁得快呢？想清楚了这个问题，行动是必需的，有些是个人素质方面的问题，有些是技术能力方面的问题。看一下你哪一方面不如人，尽快地提高自己的能力，这是紧盯着在你上面的人对你最直接的影响。

因为天天面对的都是比你优秀的人，你还能懈怠吗？积极地向上学习，工作能力得到提高，是不是你升迁的机会也就大很多？人生就是一个不断选择目标，不断前进的过程。孟母三迁说的就是这个道理，因为孟子接触什么样的人，他就可能以那种人为方向，身受他们的感染。

一个人从比自己优秀的人那里所摄取的能量越大，品质越好，知识越多，那么这个人的力量就越强。中国有句俗话：跟臭棋篓子下棋会越下越臭。眼光放得远，放得高，成功的机会就大得多。

毕业后，小阳和晓东分别进入了不同的公司。一年后再次相聚，小阳惊奇于晓东的巨大变化，浑身名牌，曾经的丑小鸭现在气质提升了许多，而且，谈吐不凡。

原来，晓东进入公司之后，刚开始也是努力工作，认为只要把老板交代的工作认真完成，工作投入，业绩提升，自然会得到老板的赏识。几个月过去了，晓东的业绩是办公室最好的，工作完成也是质量最高的，晓东还待在原来的位子上，没有任何提升。

在一个周末里，晓东什么也没做在家思考了两天，后来，她终于想通了。她从来没有关注过老板是怎样工作的，想做管理者，但是从来没有以管理者的思维思考过问题。回到公司后，晓东主动认真观察上司的言行举动，并且大胆与上司交流，凭着自己深厚的知识素养得到老板的重视，一年后就成了分公司总经理。

小阳听完后若有所思，因为她一直在埋头做好自己的本职工作，看来她要向晓东好好学习了。

晓东成功地得到了老板的赏识，因为她懂得如何把自己对老板的尊重适当展示出来，懂得眼光应该放在哪里。试着常常关注在你上面的人吧，不仅可以提高自己的理想，而且可以激励你发挥更大的潜力。这样做将会对你的事业起到事半功倍的效果。

心理小贴士

在你上面的人，必然有你学习的地方，同时他们身上也有不可取的地方。人非圣贤，孰能无过？所以，你要擦亮眼睛，不要好的坏的一把抓。即使你不喜欢你上面的人，但是，不跟自己的事业过不去是原则，调整心态，有什么不可以接受呢？做一个豁达的人，做一个"贪婪"汲取知识的人，为自己的强大做好一切准备！

两点之间直线最短，但往往这直线之间的路程充满险阻，大多时候，我们没有必要硬去接受这些险阻的挑战，绕个圈子走过去岂不是更轻松？但是，总有一些风险爱好者，不撞南墙誓不回头，甚至撞得头破血流也不知道回头。也许你要赞扬他的执着，可是，他的愚傻精神实在不可取，人生若总是以这样的方式说话做事，恐怕大家都要离你远去了吧！绕绕圈子，不碰钉子，能屈能伸，方为好汉！

硬碰硬更容易两败俱伤

大多数人会认为说话做事绕圈子，显得虚伪，有心计。换位思考一下，有谁愿意听你不加思考地将对方批得体无完肤还会对你感觉良好呢？对某些棘手的事情，会绕圈子，才不至于碰钉子。至今还可听到孔老先生也在警告我们：慎于言！

大家从内心来讲都喜欢听好听的，像唐太宗那样胸怀宽广到能容忍魏征经常性的直谏的人毕竟不多，就是如此，唐太宗有时候对魏征的无礼也感觉恼怒，只是碍于国家利益，他才没有发作。必要的时候绕绕圈子，换换说法，不去碰那危险的钉子，才不会遭遇"头破血流"的下场啊！

[巧妙地绕圈子]

会绕圈子也是一门艺术。远行的人，遇到高山挡路、石头绊脚，总会想办法绕过去。这种做法用在人情世故中，作用甚大。有些话不能直着说，便得拐弯抹角地讲出来；有些人不易接近，便得逢山开道、遇水搭桥；搞不清对方葫芦里卖的什么药，就得投石问路、摸清底细；有时候为了不去碰对方那颗硬钉子，我们便绕弯子、兜圈子，甚至用"王顾左右而言他"的迂回之法，巧妙地解决问题。

多学些绕圈子的方法，使肠子多几个弯弯绕，神经多长些末梢，未必不是一件好事！下面来看一个简单的例子。

明朝嘉庆年间，有一位清正廉洁的"给事官"名为李乐。一次，他科考监场，发现舞弊，立即写奏章给皇帝，却不曾料到皇帝对此事不予理睬。耿直的李乐又面奏，结果把皇帝惹火儿了，以故意揭短罪，传旨把李乐的嘴巴上贴上封条，并规定谁也不准去揭。封住嘴巴，不能进食，就等于给他定了死罪。

这时，旁边一个官员，走到李乐面前，不分青红皂白，大声责骂："君前多言，罪有应得！"一边破口大骂，一边"叭叭"打了李乐两记耳光，当即把封条打破了。由于他是帮助皇帝责骂李乐，皇帝当然不好怪罪。

事实上，此人乃李乐学生，在关键时刻，他"曲"意逢迎，巧妙地解救了自己的老师。但是，如果他不顾情势，犯颜"直"谏，非但救不了老师，恐怕自身也难脱连累。

李乐的这个学生把"绕圈子"迂回的方法使用得巧妙之极。由此看来，李乐离自己的学生还差一大截。

著名语言大师林语堂早就总结过中国人办事的态度。中国人做事很少像外国人那样"此事为某来"直截了当，因为那样说不风雅，还显得冒昧。所以说，"绕圈子"在中国可是有着悠久的历史传统。

［绕圈子，不碰钉子］

意大利知名女记者奥里亚娜·法拉奇，迂回曲折的提问方式，是她取胜的法宝之一。

这次法拉奇要采访的对象：南越总理阮文绍，曾被外界评论"南越最腐败的人"。法拉奇想要了解他对此评论的意见，但是，如果直接提问，阮文绍肯定不会给出想要的答案。法拉奇巧妙地把这个问题分解为两个有内在联系的小问题，曲折地达到了采访目的。

她先问出第一个小问题："您出身十分贫穷，对吗？"阮文绍听后，动情地描述小时候他家庭的艰难处境。得到关于上面问题的肯定回答后，法拉奇接着问："今天，您富裕至极，在瑞士、伦敦、巴黎和澳大利亚都有银行存款和住房，对吗？"阮文绍虽然否认了，但为了对舆论有个交代，他不得不硬着头皮道出他的"少许家产"。

阮文绍到底是像舆论所说的富裕、腐败，还是如他所言并不奢华，答案已很清晰，读者自然也会从他所罗列的财产"清单"中得出判断。

阿里·布托是巴基斯坦总统，西方评论界对他的一致评价是：专横、残暴。睿智的法拉奇在采访时没有直接问他是否是法西斯分子，而是将问题转化为："总统先生，据说您是有关墨索里尼、希特勒和拿破仑的书籍的忠实读者。"从实质上讲，这个问题同"您是个法西斯分子"所包含的意思是一样的，只是转化了角度和说法的提问，往往就会使采访对象放松警惕，说出心中真实的想法。这个提问看上去无足轻重，但却尖锐、深刻地将问题的实质揭示出来。

由此可见，"绕圈子"的威力有多大，它不但让你免遭被拒绝的尴尬，而且还让你得到你想要的答案。聪明的人早已经懂得了这其中的奥妙，做事游刃有余了。

心理小贴士

"绕圈子"不是虚伪，是一种做事的必要手法，也许你不以为然，总自己觉得自己坦荡荡，说的话都应该是真实的。但很多时候，这种直言不讳的行为招来的可能是厌恶和反感，所以，适当改变一下做事风格，会为你带来意外的收获。

现在社会的利益观念越来越强烈，人人都积极地为自己争取机会，争取物质上或精神上的东西。在外做事，强烈的竞争观念充斥着人们的大脑，遇到好处的时候，争抢的不亦乐乎，根本不用说拱手送给别人。这种自私小气的心理带给人们的除了暂时的富足之外，别无任何好处。这个社会里总有对你重要的人，遇到好处的时候，你是否想起了他们？

懂让利更得利

在人生漫长的旅途中，每个人身边总有最重要的人相伴，爱人、父母、子女、朋友……他们对于我们弥足珍贵，是生命中不可或缺的一部分。心灵的沟通慰藉，因为他们的支持和理解我们才有力量拼搏在纷繁芜杂的社会上。那么，在我们工作的单位里，或者生意场上，是不是同样有那么几个对我们很重要的人。他可能是决定你前途的上司，也可能是在事业上与你并肩作战，荣败不离的同事，还有可能是站在你的对立面对你产生巨大影响的敌人……

[珍惜对你重要的人]

1. 导师

当你开始懵懂地进入社会，从事你的第一份职业时，他教给你实用的技巧、一定的工作经验，而不是纯粹的知识，授你与"渔"，而非"鱼"，他可以给你指明方向。这个人也许是你的上司，也许是你的前辈、学长。他们使你开始脱离幼稚，走向成熟。

2. 陪练，同路人

任何人的成长都不是靠单纯的学习学出来的，而是学而习，习而成自然，磨炼出来的。整个练习的过程是一个艰苦的过程，是一系列事情的纠缠和混淆，慢慢地由量变到质变的过程。在这个过程中，一个人坚持下来很辛苦，这时会有一个同路人，你们互相帮助，共同进步，才不显得那么寂寞无助。这个人也许是你的同事，也许是你的挚交好友。

3. 榜样

他是你人生的标杆，在人生的不同阶段，会有不同的标杆，你向他学习，受他鼓舞，一步一步向他靠拢。最重要的是，这个人离你很近，你清楚地知道不需要通过机遇，只要努力你就可以成为类似榜样的人。这个人也许可以是你身边任何比你强、比你优秀的人。

4. 敌人，看不起你的人，拒绝过你的人

敌人看似打击过你，是站在你对立面的人，但他同时也激发了你，他能给予你真正的动力，人不到绝境是不会有斗志的。你要感谢你的敌人。这个人也许是你的竞争对手，也许一间办公室里总是挤兑你的小气同事。

你的人生因为他们而可能变得不一样，这些对你有巨大帮助的人，往往就在某个时段决定了你人生的方向。会做事、聪明的人总能够看清对自己重要的是谁。因为他们，你工作生活的价值才显得更加明确、更加有动力。

[好处让给对你重要的人]

使自己获得好处的最佳方法，要将好处施给别人。虽然好处给了别人，但是最后获得更大好处的还是自己。简单的道理，有的人一辈子也没有弄明白，死抱着"肥水不流外人田"的庸俗理论。在社会上做事，人们总是尽可能地占有资源，而忽略了对自己重要的人，往往忽略了这些重要的人可能对你产生的影响。

把好处让给对你重要的人，归根到底还是在为个人以后的发展作准备。

在安踏，有一个理论流传得很广。老总丁志忠说那是他做人和做事的原则。

丁志忠说："父亲教会了我怎样做人。我至今印象非常深刻的是，他很早就告诉我，做每一件事情，都要让别人占51%的好处，自己永远只要49%。"

当时，丁志忠一直不能理解父亲的话，这不是明摆着吃亏吗？哪有这样做生意的？后来他慢慢理解了：这样做看起来是暂时吃亏了，却可以赢得客户的长期合作，让客户更加认同自己，更加尊重、更加信任自己。这个原则在今天的安踏里仍然有很深的渗透力。

理解了把好处让给重要的人的含义后付诸实践，你也能得到应得的好处。因为，你也可能是对别人而言重要的人呢！

心理小贴士

豁达之心为你带来的不仅仅是别人的尊重，更能为你以后的发展带来机遇。利益不是装进口袋就是好事了，有时，正因为你对暂时利益的占取而失去了更好的机会。谁是对自己重要的人，这个问题很多人都能分辨清楚，但是，有没有为他们付出些什么呢？没有付出就没有回报。生活就是这样一个奇妙的轮回。

生活在这个忙碌的世界上，人们总会遇到许许多多的艰难与困苦。当你身陷困境时，需要的是一双救援之手，需要的是雪中送炭的人。在别人陷入危难时刻，你要尽一份绵薄之力，做一个雪中送炭的人，彰显人格魅力，换来千金难买的真情。试想，当你行走在烈日当头的沙漠中时，有人真诚地送给你救命之水，这水在你看来一定是千金也难买的。

苦难检验人心

　　人们总是期待一帆风顺的生活事业，但这最多也只能是奢望，因为整个社会就是由艰难和困苦组成的一张巨大的网络。也正是这些苦难磨炼了人类，使人类更加坚强，头脑清晰地应对人生路上的种种；也正是这些苦难检验了人类的情感，谁是敌人，谁是雪中送炭、对你恩惠有加的贵人，都显现了出来。

[雪中送炭——最重的人情]

　　人都希望在自己危难的时候，有人可以帮助自己脱离苦海。生病的时候没有人照顾是孤单的，面对困难没有人跟自己一起扛是失落的。在人的心里，即使再坚强的人都渴望被关注，渴望温暖。人们总是很清楚自己的痛苦，却对别人的痛楚缺乏关注和了解。很少有人能够做到"人饥己饥，人溺己溺"的境界，但就像你希望得到别人的关怀，别人对你的帮助同样也会感激不尽。

　　有的人自以为聪明，往往喜欢在别人成功、升迁的时候像"马屁精"一样夸张地赞赏不已，殊不知，这种锦上添花的虚假，不如雪中送炭来的真实，来的让人信服你的诚意。当他人口干舌燥时，你奉上一杯清水胜过物质富足时的七天甘露；雨过天晴了你给的雨伞还有什么用处吗？在别人喝醉的时候再敬酒，岂不是虚情假意了，不如一杯解酒的清茶。

三国的周瑜并不是从开始就春风得意，当初他只是在军阀袁术部下为官，被袁术任命过一回小小的居巢长，一个小县的县令。这时候地方上发生了饥荒，粮食问题十分严峻。百姓们都没有粮食吃，只能吃树皮、草根，活活饿死了很多人。军队也由于饥饿失去了战斗力。周瑜作为父母官，看到这悲惨情形急得心慌意乱，不知如何是好。

有人告诉周瑜，附近有一个乐善好施的财主，名字叫鲁肃。周瑜想到去鲁肃那里借粮食。他带着人见到鲁肃，寒暄过后，周瑜就道明了来意。鲁肃看到周瑜仪表堂堂，显然是个才子。他日后必定大有作为。鲁肃并不在乎周瑜是个小小的县令。他爽快地说：“此乃区区小事，我答应就是。”

鲁肃将周瑜带到自己的粮仓去看粮食。鲁肃家的确十分富有，粮食有两仓。鲁肃痛快地说：“不用提什么借不借的了，我把其中的一仓送你算了。”周瑜十分感动，他深深佩服鲁肃的为人。当时和鲁肃结交成了朋友。后来，周瑜成了三国时的名将，他牢记鲁肃的恩德，将他推荐给孙权。从此，鲁肃也得到了一展抱负的机会。

鲁肃在周瑜最需要粮食的时候，毫不吝啬，打开仓库，其心理豁达明理，让人敬仰。也许这两仓粮在生活富足的皇宫里并不算什么，但是对于周瑜，它却是整个军队的救命粮食，鲁肃这个豪迈的人情为他日后事业的发展奠定了基础。

[雪中送炭之人——真朋友]

一次促膝谈心就可以改变一个执迷不悟的浪子的命运，可以帮助他建立做人的尊严和自信。在平和的日子里，对正直的举动送去一个可信的眼神，这一眼神无形中可能就是正义强大的动力。对新颖的见解报以一阵赞同的掌声，这一掌声无意中可能就是对革新思想的巨大支持。在你成功的时候为你喝彩，锦上添花的人不一定是你的朋友，但在你危难的时候不辞辛劳雪中送炭、不离不弃的一定是朋友。

晋代一人名为荀巨伯，一次去探望朋友，正逢朋友卧病在床。这时恰好敌军攻破城池，烧杀掳掠，百姓纷纷携妻挈子，四散逃难。朋友劝荀巨伯："我病得很重，走不动，活不了几天了，你自己赶快逃命去吧！"

荀巨伯却不肯走，他说："你把我看成什么人了，我远道赶来，就是为了来看你。现在，敌军进城，你又病着，我怎么能扔下你不管呢？"说着便转身给朋友熬药去了。

朋友百般苦求，叫他快走，荀巨伯却端药倒水安慰说："你就安心养病吧，不要管我，天塌下来我替你顶着！"

这时"砰"的一声，门被踢开了，几个凶神恶煞般的士兵冲进来，冲着他喝道："你是什么人如此大胆，全城人都跑光了，你为什么不跑？"

荀巨伯指着躺在床上的朋友说："我的朋友病得很重，我不能丢下他独自逃命。"并正气凛然地说："请你们别惊吓了我的朋友，有事找我好了。即使要我替朋友而死，我也绝不皱眉头！"

敌军一听愣了，听着荀巨伯的慷慨言语，看着荀巨伯的无畏态度，很是感动，说："想不到这里的人如此高尚，怎有脸面再去侵害他们呢？走吧！"于是敌军撤走了。

生活有时候很简单，只是你把它想复杂了。对别人的帮助并不会损失自身的什么，可是，因为自私，因为肤浅，就是有许多人失去了朋友，失去了机遇还浑然不知。心跟心彼此是相通的，付出总有回报，谁都不能保证自己的一辈子不会遇到像别人一样的艰难困境，为什么不在别人需要的时候伸一下手呢？当生活把我们磨炼得冷漠时，千万不要再失去真挚和热忱了！

心理小贴士

随时体察别人的需要，时刻关心身边的朋友，帮助他们脱离困境。当朋友身患重病时，应多加探望，多了解朋友的内心；当朋友遇到挫折而沮丧时，应给予鼓励；当朋友愁眉苦脸、郁郁寡欢时，应多和他们交流，排解苦闷。这些看似平常但适时的安慰会犹如冬天的阳光温暖受伤者的心灵，并给予他们强烈的希望。

有过这样一个大胆的猜测：如果大家都说真话，这个世界会变成什么样？答案是：世界生存不下去。很简单的道理，许多事情不需要以它真实的面目呈现出来，大家心里清楚即可，说出来只会让更多的人难堪，甚至受伤。对待一件事情，你要有狼的眼睛，看透事情的真相和本质，不得有半点差错。但是，当事情没有必要人尽皆知的时候，或者会给你身边的人带来不好的一面时，我们还是不要说透得好。给自己和别人留下更多相处的空间。

看破不说破是智慧

如果是亲人或者朋友，话说得过火些，还有得到他们原谅的机会，换做其他人，你还会这么幸运吗？事情对你而言，也许是一件好事，但在别人那里就未必如此了。嘴巴除了吃饭最重要的功能就是说话。俗语说："祸从口出。"看来，说话还要有度的限制，要经过大脑的仔细思考，分辨出哪些该说，哪些不该说。人们擅长表达自己的想法，一件事情被脱口而出的同时，往往还掺杂着个人情感。所以，说话可以，但不能随心所欲。

[看透现象中的本质]

在真真假假的生活中，许多事情也开始不像以前那样明了，变得扑朔迷离了。本质总是被隐藏在似真非真的表象里，而我们必须透过现象看到本质，就像你要看到一个女孩的内心，不能单单凭她的长相来判断一样。看透本质，才不至于使自己陷入尴尬、被动、困惑之中。

那么，怎样做才能让双眼看透事情的本质呢？

1. 不要让自己丧失理性，感情用事

任何时候，即使大难当头，也要保持良好的心态，千万不能失去理性，意气用事。每个人都有局限，看问题、处理事情都会有或多或少的片面性，这都没有什么，重要的是不能丧失理性。如果因嫉妒而否定，因仇恨而疯狂，说明此时的你还不够成熟。成熟的人不会让情感因素影响自己的理性判断，如果一个人常被情所困，说明他还没有成熟。

2. 不要让自己的心太浮躁了

很多人不是因为不具备看透事物本质的能力，仅仅是由于其情绪太浮躁或心态不正、或急于实现价值、或势利之心过重、或投机心理太强等等。如果我们没有把精力放在分析事物的本质上，就很容易头脑一热，被简单而绚丽的表象迷惑了。

3. 行动之前，换个思维再想想

我们之所以犯下一些幼稚低级的错误，不是智商问题，而是由于我们只让自己在一个思维模式中思考对自己有利的结果。所以，在我们作出一个重大决定之前，要让自己跳出原有的思维模式，换个角度重新审视自己的判断和方法。这样做往往会让你从另一个角度轻松地发现事物的本质。

总之，做一个看透本质的人，是让自己不要被私欲所迷惑，不被自以为是的自信左右。这样，我们才可以以理性的眼光看透感情的冲动，掌握事情的真相，作出正确的判断。才能把说错话的可能降到最低。

[说话只说三分好]

俗话说"逢人只说三分话"，这就意味着有些话不必完全说出来。你也许以为大丈夫光明磊落，有什么不可对人说的，对朋友应该知无不言，言无不尽，又何必只说三分话呢？其实，在我们的生活中，那些社会经验丰富的人的确只说三分话。其实说话须看对方是什么样的人，对方如果不是可以尽言的人，你说三分真话已经是不少了。凡事都要适可而止，说话的分量要控制得当。

有这样一个故事，一天，狮子把羊叫到自己身边，问羊自己是否很臭，羊说："是的。"狮子很不高兴，就把它的脑袋咬掉了。狮子又把猪叫来问同样的问题，猪说："不臭。"狮子又把猪咬成了碎块。最后，狮子又问狐狸同样的问题，狐狸说："我感冒得很厉害，闻不出来。"结果，只有狐狸活了下来。

可见，说话太诚实了不行，而尽说好话奉承的也会遭殃。话说一半，点到为止，才是恰到好处，是真正的大智大愚。

口利似剑，祸从口出，话多则失言。因此，我们在说话时，应时时谨慎，做到说话恰到好处，点到为止。

说话，是为了表达自己对人对事的看法，回答别人的问题，反映自己的思想。而人与人之间传达思想与感情，必须使用语言。与人谈话的目的，是为了获取对方的意见或表达自己的意见。因此对于生活中的我们每个人来说，在说话的时候，应知小心才好。

人际交往中，很多事情只要心知肚明就可以了，不必弄的太明白。俗话说：看透别说透，才是好朋友。事情说得太白，反而会伤和气，或显得太无聊。说话适可而止，给对方、也给自己留有余地。不要把话说得太满，不要说带情绪的话，时常去赞美别人，而不去讽刺别人。

心理小贴士

说话和兵法有共同之处，兵法讲究天时、地利、人和，说话也一样，看什么人什么地方什么时间，不是合适的不必说。遇到合适的人，不是说话的时间只能随便聊两句，遇到刚好合适的人了时间也允许，但是地方不妥也不能大开座谈会。没遇上谈得来的人地方又不对，说三分话都已经太多了，倒是碰上有趣的谈话对象，如果只说三分反而正好引起对方的注意，再加上环境好时间好，那七分就有发挥的余地。所以什么事情恰如其分为最好。

学点心理学，
职场之位更稳固

───── ● ─────

7

　　现代社会竞争激烈，职场的道路充满了陷阱与机遇。一个人要想走得更远、更久，通晓人性、不断提高自身的修养是你必备的成功素质。人性就像是一块招牌，擦得越亮，它的光芒越能照亮你前方的路。心理学的目的在于巧妙的策略，而是不是分析。人们之所以学习心理学，不是为了享受心理分析的过程，而是在于建设更积极的人际关系。事实上，人际关系中各种各样的问题，都与心理学有着千丝万缕的联系，一旦掌握了相关的心理学知识，许多职场中的难题就能迎刃而解。

职场如战场，想要在公司发展，就必须懂得竞争与合作，纵观古今中外，凡是在事业上成功的人都善于合作，俗话说："一个篱笆三个庄，一个好汉三个帮。"但是在合作时要注意分清是非，在对的事情上共同努力，在错的事情上要勇于提出，即使做不到敢于面对争执，也要懂得避开不与之合作。这是职场人士应当具备的心理素养！

完善自我，分清是非

[在竞争中提升自己，在合作中完善自己]

俗说话："同行是冤家，竞争不合作"。经过实践证明，认为有竞争就不能合作的观点是片面的、有害的，它往往造成不必要的摩擦、内耗及浪费，而把竞争与合作结合起来，在竞争中提升自己，在合作中完善自己，就能突破孤军奋战的局限，把自己优势与他人优势结合起来，为着共同的目标而努力奋斗，达到双赢的成果！

竞争与合作既熟悉又相互矛盾，就像两条永不相交的地平线，如果把它们合二为一，就能创造奇迹。

小张进市场部不久，他发现在这个十来个人的部门里，常常是三四个组成一个小圈子，这几个人干活相互之间特别默契，但对于这个圈子外的人则多少有点不配合，有时甚至暗中使绊，部门经理却睁一只眼闭一只眼，而那个圈子的核心人物无形中似乎比经理地位还高。

有一个圈子的张姐经常有事没事的跟他套近乎，昨天问他父母是做什么的，今天问他有没有女朋友，小张知道，张姐是想拉自己下水，成为他们那个圈子的人，他有些犹豫，如果自己不进去，今后在工作方面难免会被刁难，可是如果进了那个小圈子，自己就得听从张姐命令，很难在公司有所发展。

小张意识到这些事，他对张姐还是一如既往的热情，但是却暗中不断地为自己充电，而且不跟张姐提自己的工作之事，使得张姐也不好意思与他为难，小张与张姐打着交道的同时也与其他圈子的人相互来往着，由上至下，谦虚谨慎，工作上兢兢业业，不到半年，小张的业务步入正轨，而且实力超过任何一个圈子的员工，很多人开始尊重他，领导也开始关注他，并且认命他为业务部经理。

竞争中学会合作，两者才能优势互补，领域才能得以扩展，概念才能得以体现，只有清晰地把握好整合体式的实践，修补裂痕，发挥整体效应，才能到达彼岸获得成功。

时代的步伐告诉我们，竞争中学会合作，合作中讲究竞争原则，只有这样才能推动社会前进的步伐，换句话说："若人生是花朵，也必在烈火中丛生。"竞争与合作之间良好的沟通至关重要，是它们架起了成功的桥梁，将人生推向了最高的巅峰。

希腊的船业大侠欧纳西斯说："要想成功，你需要朋友，要想非常成功，你需要的是比你更强大的朋友！"朋友即是竞争对手，又是合作对象，只有竞争中有合作，才能成功的做好每一件事情，并且把它做得更好，所以心理学专家提出，做一个成功的人，应当要培养竞争意识，提高竞争能力，从而不断地提升自己，同时也要培养合作意识，从而不断地完善自己，开阔自己的美好人生！

[竞争合作中，多同流少合污]

大千世界，无奇不有，树分长短，人分高低，水显清浊，面分善恶，林子大了，什么鸟都有。想要飞得高看得远，就要有一双是非分明的慧眼，要有一颗区分善恶的七巧玲珑心，中国是讲人情的国度，讲人情便不得不讲感情，感情近了难免"同流"进而"合污"，尤其是在职场之中，明明知道自己办的是错事，但是害怕看不到前途或者是受不住外来的诱惑，使得自己与坏人同流合污，干着有背道德的事情，最终也不得善果。

青莲出污泥而不染，虽然它同流于污泥，但是却清新脱俗，人性的同流恰如青莲，曾经梦想找一块净土，可是在这个繁杂的世俗中，尤其是竞争激烈的职场中，人心难测的交际圈中，永不满足的追求中，净土只能出现在梦想之中了。

好的追求才能创造更加美好的明天，才能给自己带来更多的快乐，在繁杂尘世中也能让光明永存，但是如果因为这些追求而失了人性，分不清是非，道不明善恶，跟着恶者做些破坏公司利益的事，或者是媚上欺下，不得人心，那么你也会在竞争中被强者所淘汰。

公司竞争是为了让所有的人知道，要想在这个残酷的现实中生存就必须不断地提升自己，但是在这竞争之中，有着你的团队，每一个人都会或多或少的影响着你，有时候在办公室必要受委屈，有时候在无奈的情况下必要同流，但要记得，委曲不求全，为求真、求静、求善；同流不合污，为合情、合理、合群！

公司是由每一位员工组成的，每一位成员都离不开公司，离不开群体，如果自己不合群，会使自己孤独、痛苦，固执己见者不愿意与同事合群，自大高傲者目中无人，还常以"濯清莲而不妖"自居，殊不知公司是一个群体，再优秀的人也难以一手遮天，不懂得同流者必会被同事共同仇视，被公司所淘汰。

步入职场的新人，面临一群陌生的同事，不知道该怎么去做出选择，是保持自己的个性，还是尽快融入到另外一个陌生的环境，也许有人会觉得与其跟一大群无趣的人混在一起，还不如坚守自己的空间，于是，与同事的关系越来越远了，这样，工作也就会越来越困难，因为你的行为对他人的心理产生了一定的影响。所以，作为职场人士，善于合作是一种健康向上的心理体现！

心理小贴士

在职场中，我们应当有同流不合污的心理素养，周旋尘镜不流俗，是待人接物的大道理，是驰骋职场的大智慧，在现代生活的诸多领域中，无论思想、道德、原则、行为，除了对永恒人性的尊重与坚持，其他的都是充满变数，可以考虑变通和改良，才能让自己在职场之中游刃有余！

职场上，忠诚绝对需要。员工对老板忠诚，能够让老板拥有一种事业的成就感，同时也能增强老板的自信心，使公司的凝聚力得到进一步的加强，从而使公司不断地发展，因此忠诚是企业及其从业者共图发展的双赢基础，但是忠诚并不是唯命是从，一个员工太过愚忠，任何事情都没有自己的主见，老板受其命，员工遵其旨，明明知道有些东西需要改进，有些制度需要改正，有些事情有待商定，但是老板命令下了，就一言不发，完全遵照老板的旨意去办，这样公司也得不到好的发展，甚至还会因为这些而使公司陷入绝境！

愚忠不利发展

[忠诚是企业每一位员工必备心理素质]

没有一家企业不希望员工忠于自己公司的，只有忠诚才能保证公司健康、稳步的发展，一个公司的发展需要每一位员工付出努力和忠诚，如果所有的员工都不忠诚，不仅会影响到公司的前途，对于员工来说，也不见得是一件好事。

李忠，是一家软件公司的开发员，由于公司改变了发展方向，他觉得这份工作已经不再适合他，所以他决定换一份工作，以李忠的实力要找一份工作很简单，有许多企业都抛出令人心动的条件要求他来到自己的公司上班，但是却都有一个条件，那就是要求他透露以前的公司运营情况和客户资源，这就意味着李忠必须出卖自己的公司。

李忠面对这些公司的邀请，微笑着拒绝了，他告诉这些企业："我虽然即将离开公司，但并不代表我不需要忠于公司。"所以李忠一直都没有找到适合自己的工作，最近，他又一次去参加一家大型公司的招聘会。

面试负责人对李忠提出一个问题："我们对于你的能力和资历都没有任何不满，听说你以前所在的公司正在开发一个新适用于大型企业的应用软件，据说你也参与过，能否透露一些你所知道的情况，你知道这对我们公司很重要。"

李忠当时就生气了，他言辞有些激烈地说道："你们的问题，令我很失望，市场竞争需要正当的手段，不过我也令你们失望了，对不起，我有义务忠于我任职过的企业。虽然我已经离开了，但是无论什么情况下我都必须这么做，与获得一份工作相比，信守忠诚对我更重要。"李忠说完挥袖离开了。

李忠回到家后仍旧十分气愤，甚至开始对很多企业都失去信心了，就在他心灰意冷之时，他却收到了这家公司的通知信。信上写道："和对你一样，我们问了很多应聘者同样的问题，只有你做到了忠诚，所以恭喜你，你被录用了。"

对于一个员工而言，必须忠诚于公司，忠诚于老板，这不仅是自己应该做的，也是职业道德的体现。忠诚虽然是一种坚守，是一种固执己见，但是正因为你的忠诚，机会却对你情有独钟，所以忠诚有着很强的主观性。一个充满战斗力的集体，必然是一个井然有序的集体，做不到忠诚，公司的发展也会停滞。

[忠诚并不是唯命是从]

富兰克林说："生命力使人前途光明，团结使人宽容，脚踏实地使人现实，深厚的忠诚使人生正直而富有意义！"但是忠诚并不是唯命是从，如果你以为工作就是为老板而干，他付给你薪水，你就为他工作，赞美他，感激他，支持他的立场和他所代表的机构站在一起，假如老板下达了错误的指令，你该怎么办？死守着这份命令唯命是从，还是勇敢的跳出来给老板一个合理的建议？

张老板最近刚刚与国外的一家公司取得联系，将合作进行一大笔生意，不料，这个消息被竞争对手李老板知道了，很快李老板以更优惠的条件和国外的公司签订了协议。

张老板很生气，找来了对自己忠心耿耿的下属小明，想让小明帮自己出口气，小明20多岁，血气方刚，又加上东北人那种意气用事，当时就拍着胸脯表态："老板你放心，我一定要让他尝尝苦头。"张老板拍着小明的肩膀说："我不会亏待你的！"

小明每天都在李老板的公司门前转悠，果然等到了机会，一天晚上，他趁李老板孤身一人，便和手下几个哥们，把李老板狠揍了一顿，但是由于出手太重，李老板被打伤进了医院。公安机关立即介入调查，很快查到了小明及其公司，张老板也受到了惩罚，小明一生中最宝贵的年华也将会在监狱里度过。

忠诚固然是好事，但忠诚并不是盲从，不是绝对的服从，否则最终也会让自己承受不良后果。所以身为职场人士要明断是非，不能过于盲从，对老板的命令唯命是从。即便老板下达的指令是错误的，也不予抗拒，要坚持自己的原则，不可采用非法手段，否则将自食恶果。

忠诚并不是唯命是从，而是真心真意为企业着想，这份着想不仅体现在为企业的目标努力创造业绩，也可体现在自己为公司做事上，不要将企业当成一种谋生手段，而是把企业当成自己的事业。只有这样的忠诚才能使企业稳步向前发展，同时也使个人的价值得到提升。

在职场中应保持冷静的头脑，当老板下达某些指令时，若是凭着直觉觉察出是错误的，不要不好意思说"不"，不要被老板的威严所吓倒，因为每个人都是平等的，你所在的位置是通过自己的努力获得的，从心理学的角度来讲，只有明断是非，方可在职场中保持一席之地。

心理小贴士

忠诚并不是奴才式的唯命是从，更不是明哲保身式的忠诚，真正的忠诚可贵在自己有主见、有创见，不随波不逐流的心理，不看眼色行事，唯命是从的人绝不是人才，因为人才必须有自己的观点，当领导者身边都是唯命是从的人才，那么企业永远都不可能有更好的发展空间。

身在职场中，不得不低头，这句话是错误的，面对老板，很多人都不敢正视，但是又希望自己能够得到老板的青睐，让老板和自己和谐相处，其实老板并不是上帝，他只不过也是给自己提供了一个生存的发展空间，让自己通过劳动获得相应的人生价值，所以老板和自己一样，不必介怀，不必低头，整顿好自己的心态，对待老板像是对待同事一样自然，才能让自己在工作中如鱼得水！

老板没你想得那么可怕

[让老板对你青睐有加的心理举措]

经常会听到有人抱怨，与老板相处很难沟通，稍不注意就会让老板不满意，因此很多人都怕见到自己的老板。完全丢掉了第一次面试时遇到老板的那份沉着与自信，把老板想得太过神圣，觉得跟老板很难沟通，因此与老板的距离也越来越远。

身处办公室的每一位员工都是老板的下属，但是老板也希望自己能与每一位员工融为一体，不被自己的员工孤立出来，老板不是上帝更不是圣人，老板也需要有人在工作之外帮助他，跟他谈心，排解自己内心的那种压力与孤独感。

要想在职场上博得老板的青睐，就要做好自己的分内工作使老板满意，还要能够正确的与老板沟通，赢得老板的信任，因为老板不能和员工一样，时刻待在办公室里，所以每一位员工的工作情况，他都没有时间仔细观察，所以员工要表现的极为主动，让老板和自己和谐相处。

如果你想与老板谈心或者交流一下工作经验，那么，你可以利用老板的空余时间来与之沟通，从谈话的过程中，让老板认识你并且了解你的苦处，这样老板就会认真考虑你的工作表现，从而真正地重新看待你。

　　轻松的环境能让老板与下属真心地交流，但是也要时刻提醒自己的地位，言辞要恰当，要让老板觉得你尊重他，你在努力的适应他，是一个上进的员工，只有这样才会让老板对你有好的印象，并把你当成朋友，看成一个好员工。当公司需要大幅扩张或是需要用人的时候，你就会被老板记起，从而得到很好的个人发展机会。

　　只有得到老板的信任，而且与老板建立良好关系，才能让老板看到你的过人之处，让老板在作任何大决策或是大决定的时候，第一时间想到的就是你。

[勇敢地去敲老板的门]

　　每一位员工来到公司工作都是为了生存，为了体现自己的人生价值，公司最直接最有效的检验方法就是工资的高低，每一位员工都会考虑自己的工作和收入是否成正比，自己是否有要求加薪的条件，在应该加薪或提升的时候，怎样才能让老板提出自己的想法，聪明的员工会揣摩老板的心理，让合理的要求变成现实。

　　老板不会轻易给员工加薪，除非你连续创下很多的大业绩，但是如果你觉得自己的收入已经不能满足你，而且自己也付出了很多，为公司创下了很大的利润，这个功劳足够成为让老板给你加薪的资本，只有自己大胆一点，勇敢地去敲老板的门，勇敢的跟老板谈判，才能实现自己心中所想。

　　要求加薪不仅需要勇气更重要的是有谈判技巧，在自己有充足的加薪条件下，也要懂得语气的柔软度，不能以强硬的姿态出现在老板办公室中。

　　其实老板和员工的关系是平等的，只要觉得自己加薪是合理的，就要勇敢的提出，但提出加薪时最好是巧妙的，有技巧的同老板交流自己的想法，就算不被老板接纳，也不至于给自己留下难堪影响到日后的工作。

　　想要取得好的结果，就要有足够的资本，只要自己勇敢去挑开自己心中的疑惑，老板也会针对你的看法作出合理的解释，所以每一位身处办公室的员工，不必将老板看得高高在上，用平常心对待未必不是一件好事。

　　老板不是圣人，老板也会有错，但是老板是自己的上司，在发现老板错时，千万不要当着很多人的面提出，适当的找个机会婉转的告之，老板不仅能够接受你的建议，还会对你另眼相看，觉得你是一个值得培养的人才。

老板也是人，是人总难免会有这样或那样的缺点与不足，没有谁比员工更善于发现老板的缺点与不足，不要把老板看成为上帝，用自己的标准去评价老板，无论在哪里工作，面对老板的错误要有技巧性地提出，在不卑不亢的条件下反而更能赢得老板的赏识和器重。

心理小贴士

当你把老板当上帝的时候，就会让自己在工作的时候举手无措，常常犯些不必要的错误，这样就会使得老板越来越不器重于你，想要得到老板的垂青，就不要将老板捧得太高，不要将他当神一样的供着，他是人，跟自己一样都是为着公司的利益而努力的，所以在老板出现错误或者是有那些事情做得不对时，就要掌握时机，合理地提出来，请求老板改正。

职场需要自信，自信彰显魅力，很多职场白领丽人，因为自己形象不够好，实力不够强而在工作中战战兢兢，所以工作经常出错，甚至于常常挨领导批评，皆因为自己没有发现自己的魅力所在，魅力能够影响人心，能够创造奇迹，能够改变人生！

自信彰显魅力

[魅力就是自信]

职场如战场，或许刚刚还是风平浪静，转眼间就波涛汹涌，面对如此激烈的竞争，白领丽人要怎么做才能不容易被企业淘汰呢？心理学专家回答："魅力可以改变人生，铸造奇迹。"

只有自信的白领，才能成为最耀眼的焦点，自信的职场丽人，不一定天姿国色，不一定闭月羞花，甚至可能相貌平平，因为魅力来源于那份自信，她们瞬间便会光彩耀人，淡雅高贵，而且永远不会因为容颜的衰老而失去自己独有的魅力。

面对自负或是自卑的女人，面对才貌出众或是才华杰出的俊杰，面对家财万贯或是权倾一时的富豪，如果不懂得何谓自信，并且给人一种望而生畏或冷漠不易亲近的感觉，那么就注定与魅力无缘，所谓弱水三千，只取一瓢，这正是自信与魅力的所在。怎样才能使得自己变得更加自信有魅力，只需在心理上做出改变即可。

法国福利院长大的青年，身材矮小，长相平凡，讲话还带着浓重的乡下口音，因此十分自卑，但一个朋友告诉他，拿破仑和他十分相似，他应该是拿破仑曾经丢失的孙子，于是他顿时对自己有了信心，第二就去一家公司应聘，二十年后，成为那家公司的理事，这个时候，他才得知自己并非拿破仑的孙子，但是已经不重要了，因为他拥有了自信，取得了应有的成就，更重要的是他也从心理上彻底的战胜了自卑。

自信能摆脱自卑，自信能赢得所有的人的欣赏，自信让人更加光彩照人，自信也是成功的前提！

工作中最怕自卑，容貌是职场丽人最关注的话题，其实外在美丑并不重要，女人生得美或许能够引起别人的注意，但不会长久，随着时间的推移，再美的女人也会容貌失去，所以自信才是魅力所在，自信可以让丑小鸭变成美丽的白天鹅，可以让一个貌不出众的女人变得脱俗、惊艳。一个自信的女人，一举手一投足都彰显着让人难以抗拒的魅力，一个外表上看并不惊艳的女人。但若相信自己是美丽的，别人也会认为她美丽，相反，一个很美的女人如果不够自信，别人永远也不会说她美丽。

有魅力的女人懂得运用智慧，尤其是职场的白领女强人。任何人在工作中都会遇到困难与挫折，面对这些问题，要懂得运用智慧，其实这些智慧很简单，或许只要一点小创意，或许只要一点小灵感便能解决问题，使得工作顺利进行，使得公司认可与欣赏你，这样的话，自然也就提升了个人的职场魅力指数。

魅力对大多数人而言，是最不可捉摸的神秘因子，是事业的推进剂，是一种迷人的气质，能让别人热情洋溢地去支持你，公司也会因为你的个人魅力而提拔你，让你成为领导者，因为有魅力的人都善于与人沟通，与人交往，使得同事信服，使得领导喜欢。

作为职场中人，要想在激烈的竞争中获胜，就必须从心理上改变自己，必须时刻保持清醒的头脑，拥有独特的自信魅力，充分发挥自己的积极主动性，在不断地进取中创造奇迹！

[职场魅力源于渊博的知识]

睿智的普拉斯说："魅力有一种使人开颜、消怒，并且悦人和迷人的神秘品质，它不像水龙头那样随开随关，突然迸发，它像根丝巧妙地编织在性格里，它闪闪发光，光明灿烂，经久不灭。"职场上想要做一个交际高手，就必须有谈吐不俗的礼仪知识；职场上想要做一个洽谈商务的精英，就必须拥有渊博的知识，高深的智谋，因此职场魅力源于渊博的知识！

英国的培根说读书使人长才，培根又说"知识就是力量"，只有在不断学习中才能不断增加自己的职场魅力，或许你的一次小智谋，或许你的一次小策划都能很好的吸引办公室人员的眼球，知识可以改变一个人的气质，为什么大学生比文盲在职场中更胜一筹，因为大学生在吸收知识的同时也为自己增添着无限的魅力。

也许知识不是万能的，但没有知识是万万不能，知识可以让人变得自信、漂亮，知识可以让人的胸怀变得坦荡、宽大，知识可以让自己更亲切、和善，使得办公室的所有同事喜欢自己。

商业心理学研究显示：人与人之间的沟通所产生的影响力和信任度，是来自语言、语调和形象，而这些都需要知识的补充，由此可见，知识确实是一种征服人心的利器，几乎所有国际大机构都非常重视公司员工的知识补充，知识是构成形象、语言因素的一种动态竞争，它包括了语言、表情、行为、环境、习惯等等，相信所有的人都希望自己在社交场合中，在办公室中，增添自己的个人魅力，从而成为众人关注的焦点，所以知识一定得补充。

心理小贴士

魅力随处可见，但又十分难见，它或许体现在一件衣服上，一句语言中，一次表现里，一个好的形象可以让别人赏心悦目，一句体贴的话可以让别人心情舒畅，一次良好的表现可以让别人刮目相看，只有让别人赞美的时候，魅力才会显身，所以魅力是无形的但又是通过自己的心理表现出来的，要想让自己在职场中增添魅力，那就努力培养自己的高尚品德与知识修养吧。

纵横商场，
学点心理学
更顺利

———————●———————

8

　　常说商场如战场，一点都不假。在战场上，稍不留意就会粉身碎骨，人的心理千变万化，学一些有用的经商心理学，用在经商上面，保证你无往不前。不妨看一下生活中成功的商人，他们都是懂得对手和顾客想法的，"知己知彼，方能百战不殆"，本章为你提示纵横商场的心理秘诀，使你在经商的道路上顺风顺水！

商场如战场，风云变幻、诡谲异常，在险象环生、激烈复杂的竞争中，商家心陷迷境、歧路难返的现象常常发生，而这些往往成为商家在商战中发展、制胜的极大障碍，不走出心理误区，就将使自己沉陷于失败的境地。商家心理走偏，除了客观环境因素外，自身素质也是主要原因。

聪明应对突变形势

在复杂的商战战场上，各商家能否避免陷于心理误区，往往取决于商家的心理素质、文化素质和思想、道德、观念等。商家要走出心理误区，需从提高自身素质上下工夫，同时要注意吸取他人的经验教训，懂得取长补短，才能在商场之中沉着冷静，使得自己的经商之路一帆风顺。

[商战心理误区]

1. 盲目从众心理

在历来的商场上，总有这样一类人，看市场流行什么，自己也跟着做什么，一味地随众赶潮，结果往往只是看着人家赚钱，到头来，幸运的赚些小利，倒霉的则彻头彻尾的失败。

盲目从众心理的产生是由于商家没有能掌握市场发展的趋势与实质，不能发现潜在的市场潮流，更不能随机应变而造成的。当市场潮流已经形成，看到大家都在干，便不甘落后，也随之而起。可是他又看不到市场变化，结果，当市场形势突变时，他就会因束手无策而一败涂地。盲目从众者只看眼前形势和利益，对事物的发展缺乏应有的远见，常常错误地认为大家能挣的钱我也能挣。

2. 幼稚轻信心理

"害人之心不可有，防人之心不可无。"在纷繁复杂的商战中，无论是与对手竞争，还是与伙伴合作，都不能有轻信心理。轻信，给骗子行骗以可乘之机，使自己在经济上蒙受损失，在心理上留下创伤，有的因此而一蹶不振。

强烈的欲望和渴求，往往会麻痹自己的心智和理念，使自己放松警惕，从而产生轻信心理。所以在做任何事之前，一定要三思而后行。

3. 急躁冒进心理

急躁冒进心理的主要表现为：不顾客观情况如何，为达到目的而急于求成、盲目冒进。这完全是一种缺乏理智、缺乏自制力的典型表现。它往往产生于面对困境的窘迫不安和面对诱惑的强烈欲求之中。一旦产生急躁心理，便会急切追求某种胜利，不顾自己的基础是否坚固，实力是否雄厚，而盲目行动，铤而走险。

在商战中，操之过急，表面上看是快人一步，然而随之而来的是漏洞百出，挫折不断。特别是在与对手的近距离较量中，盲目冒进很容易暴露你的破绽，使对手发现你的急于求成心理，而对你百般牵制。这样，就失去了竞争中的主动权。也有可能一招走失，满盘皆输。

4. 好大喜功心理

这种心理，是不管条件是否允许，一心做大事，赚大钱的贪婪心理。总想"一口吃出个胖子"。不依据自己的实力，好高骛远。

有一个宏大的事业目标是可喜的，但是一旦脱离实际，就变成了空架子，而不会达到目的。有些人总认为自己是鸿鹄，要干就干大的，要做就做轰轰烈烈的。大有大的好处和优势，但如果实际上并不具备干大事业的人力、财力，大的难处和弊端往往大于其好处和优势。

5. 怠惰自满心理

"创业难，守业更难"。事业成功后，有人就居功自傲，认为自己的事业就是一棵常青树。不思进取，这样做只有一个结果：被飞速发展的市场所淘汰。要想保持战果长盛不衰，就要不断为其注入新的活力。商战中，要重视对自我的不断调整，随机应变，以适应市场形势的发展。

6. 诡诈欺骗心理

做人要走正道，商战中也是同样的道理，不能走歪门邪道，走"邪道"的人，总是以损人开始，以害己告终。欺骗如纸包火，持欺骗心理置身在商战中必然经不起时间的考验。就比如，广告宣传扩大知名度是必要的，但是在吸引人的广告之后，要货真价实，有真东西，才能经得起考验。徒有虚名，终将败坏自己的声誉，而且名越扬越臭。

[走出商战心理误区]

商家的目的都是追求利益最大化，但是切记要保持良好的心理素质。

避免盲目从众的自己心理。主要要了解市场行情，掌握市场变化规律。聪明应对形势突变，让自己"进"的容易、"走"得轻松。如果只想像别人一样挣钱，而不顾市场的客观变化现实，那就只能算是盲商，只能导致失败。

不成熟的心理素质容易导致轻信别人的"表面文章"。"害人之心不可有，防人之心不可无。"无论是与对手竞争，还是与伙伴合作，都不能有轻信心理。严审商战中每一个细节，不能轻信对方口头的承诺。

急躁冒进的心理是极为有害的。急躁会使你丧失良机，会使你渴望胜利而又永远难达于胜利的彼岸，要谨记"欲速则不达"。提高自身文化修养，增强自信心，磨砺自己的忍耐力。还要充分了解自己的环境和自身的优点缺点，避免急躁，稳妥地渡过难关。

好大喜功要不得。商家要根据自己实力和条件确定相应的发展计划，稳中求进。在激烈的商业竞争中，一定要看得比别人远，想的比别人多，踏实地走向目标。不能小看几角、几分的小利，积少成多才是真理。

应对怠惰自满心理。商家要永不满足，不断进取，适应市场需求的变化，不断更新自己思维、观念、经营方式，开辟新的经营领域，才能在商战中求得生存和发展。成功后如果忘乎所以，怠惰自满，停足不前，很可能随之而来的是失败。居安思危，克服怠惰，永不满足，锐意进取，应成为商家的信条。

诡诈心理要不得。并不是每个商家都是自己的竞争对手，有时也需要相互合作，相互依存。只有在相互合作中才能求生存，得发展。在合作中，对待合作伙伴，一定要以诚相待，不能有耍"小聪明"，搞"小动作"的欺骗心理。一旦欺骗心理付诸行动，就会导致两败俱伤。商家应该明白，诡诈欺骗心理导引你的只能是邪路，只能是失败，它将注定你永远与成功无缘。

心理小贴士

  商战战场是一个竞争激烈残酷的地方，但同时也在最大程度上磨砺了人生。各商家一定不论做事业还是做人，都要有良好的竞争心理，以此达到更深层意义上的成功。

每场商战的开始都是谈判。商场激烈的竞争由谈判揭开序幕，并贯穿于商战的始终。如何能在谈判中成为高手，在谈判过程中左右逢源、滴水不漏，首先要懂得谈判心理，包括自己的心理和对手的心理。而后，通过对心理的把握，利用高超的谈判技巧，实现目的。话说回来，高超的谈判技巧基础还是对谈判心理的深刻理解。

深刻理解谈判心理

掌握谈判桌上自己和对手的心理，随时注意信息的选择和接受，把握时机，争取谈判主动权。从实质上来讲，谈判就是通过对对手施加某种影响，使对手理解或接受己方观点，从而改变原有对己方不利的态度和行为的过程。整个过程的进行都要用到谈判心理策略。

[心理劝导策略]

心理劝导策略，是在谈判时利用规劝引导的方法，改变对手的态度和行为的一种策略。此为谈判中最普通，但也是最重要的方法。心理劝导策略大概又可分为五种。

1. 自然劝导法

在谈判劝导中，采取一种自然流畅的方法向对手阐述己方的观点主张，使对手有个概括性的了解。这种方法的针对性较小，主要是从整体全局的角度来劝导对方，从而影响对手的思路，达到谈判的效果。

2. 冲击劝导法

这种方法主要针对具体的对象、观点、意图，采取"全面压上"的手法。冲击性较大，必须要集中精力解决问题。这种劝导往往带有批评和否定的成分，所以要作好充分的准备，用词不能过激，要简明扼要迂回进行。同时要注意谈判的态度，以免让对方产生被蔑视或不被尊敬的心理，致使谈判出现感情裂痕。

3. 含蓄劝导法

通常在不适宜明确表达己方意图时采用的一种委婉的带有启发式的方法。此方法在表达己方意图的同时，还能给己方留有回旋余地，以免被动，也能使双方气氛融洽。但要注意分寸和火候的把握。

4. 明确劝导法

无需含蓄，观点明确，直言不讳表达己方观点，向对方提出要求的一种方法。一般情况下，在知道对方已有明确意向，只是尚未最后定夺时用这种方法，使其尽快下决定，利落快速地处理问题，节省时间提高效率。

5. 逆向劝导法

在谈判双方实力悬殊的情况下，弱方对强方劝导的一种方法。在遇到困难时，弱方可以利用逆向劝导法使对手动摇，进而改变观点，最终达成一致。但采取这种策略的前提是：劝导的对象胸襟开阔，作风严谨。如果对手乃恃强凌弱，以大欺小之流，这种方法的作用不会很大。

[心理暗示策略]

心理暗示策略，是这样的一种策略谈判一方以语言或非语言的形式向对方间接传递己方观点和立场等信息，使对方理解、接受己方意向。心理暗示在传递信息的同时，可以给对方以启示，也可以间接地、不明确地提出批评和意见，不仅不会因为正面的接触而使彼此双方产生矛盾，还能达到寓意深长，耐人寻味的效果。有效的暗示可以缓解双方对峙时紧张、冲突的局面。如暗示对方转换一下谈判对象或谈判方式也可以，暗示对方自己让步也可以，以便暂时打破僵局。

语言暗示是谈判过程中应用广泛的一种暗示方法。在特殊情况下，不便直接表达自己的观点时，可以采取另一种含蓄的语言，间接暗示对方，这样容易被对方重视和领悟。

非语言暗示，主要通过自己的表情、动作等肢体上的动作让对方了解到自己的心态和意向，影响对方谈判心理和行为。但同时需要注意的是，这种暗示需要谈判者精力集中，仔细观察才能洞察对方的暗示内容。

暗示的力度要适当，不能过强也不能过弱。过强的暗示易引起对方的反感，重者结果会适得其反；过弱则如蜻蜓点水，无痕无迹，不易引起对方注意。暗示的内容应与接受暗示的感知信息保持一致。这也就说明暗示者应该给对方提供实事求是的信息，千万不能为了达到目的而无中生有，往往会弄巧成拙。暗示内容要形象突出、有特点和有吸引力。

总之，巧妙地运用心理暗示策略，在谈判中往往能够让你转危为安、逢凶化吉。

[心理诱引策略]

一般情况下，可以用对方的利益和需求为诱因进行心理引诱。这种方法可以分为利益引诱法和需求引诱法。

利益引诱法，以谈判双方的共同利益为诱饵，引诱对方做出与自己观点相同或相近的决策。之所以利益能起到引诱的目的，是因为双方的谈判主要以共同利益为重点谈判目标，最终目标是尽量满足自己预定的利益标准。以利益为诱饵可以一矢中的。找到合适的诱饵极为重要，即自己可以放弃而对方又极为重视的某种利益。

需求引诱法是谈判一方以心理和客观上的需求为诱因，促使对方的需求心理增强而达到己方的谈判目的。如在产品销售中谈判引诱一方可以为对方提供资金帮助、技术支援，价格上的优惠、免费或优惠的售后服务等，利用这些需求引诱达到销售目的。但是在采取这种需求引诱法时应该明确对方哪些需求可以满足，哪些不能满足，要以保证自己利益不受严重损失为标准，不能过分"大方"，也不能太过"小气"。

心理小贴士

心理诱导策略在谈判过程中很重要，被有关专业人士认为是最重要的一种攻心术，正确地使用它能给谈判带来意想不到的良好效果。

经商心理学告诉我们：永远要持续不断地招兵买马，这是成功之道。

世界首富比尔·盖茨接受《财富》杂志的访问："你为什么这样成功？"他回答："我今年又请了一批比我更棒的人来帮我工作。"也因此，微软公司能够吸引电脑业界顶尖的人才贡献心力，成为全球电脑业界的龙头老大，建立不可动摇的影响力，将事业网路遍及全世界。

人才是企业制胜的法宝

一个企业的优秀人才，都是不断吸引而来的，不要说现在的人才已经够了，人才永远是不够的，永远要给人才适当的职位，让他们来发挥特长。原因就是人才是会流动的，假设你没有不断地招兵买马，若是哪一天你的元老级员工不想从事这个行业了，哪一天你的向心力不够了，也许哪一天他想自行创业，如果缺乏新人弥补，你的事业终究是会失败的。

记住！人才是企业制胜的法宝！

[如何体现吸引优秀人才的优势]

从心理学角度出发，如何才能找到自己公司吸引人才的优势呢？一般情况下，一些容易被忽略的公司优势有以下九点：

1. 公司是行业的龙头

也许你的公司所处的行业不是最吸引人的行业，大量的人才都纷纷涌入像IT业、网络等有关的公司，不过，你一定要记住的是你的公司在这个行业里是处于领先地位的。

2. 具有稳定性和安全感的公司和职位

正因为你的公司是一个具有悠久历史的老企业，而且这个行业的市场比较稳定，所以在这样的公司里工作虽然不像新兴行业那样富有挑战性，但是它能给员工带来稳定感和安全感。

3. 工作和生活两者保持平衡

你提供的这个职位并不要求员工成为工作狂，放弃个人生活中的乐趣，而是两者兼顾。不要以为很平常的职位就没有吸引力，很多人在过去的工作中常常夜以继日地加班，频繁的出差，没有办法体会个人生活中的乐趣。不过，在讲求工作与生活平衡的公司里工作，公司还会组织一些文娱活动，这样宽松的工作也是许多人向往的。

4. 较大的工作成就感

尽管公司现在还不是行业中最具有竞争力的，但是存在大有作为的机会。如果到这样的公司里来工作，就会有机会做很多事情，体验到明显的成就感。例如，有的公司处在发展阶段，很多体系还没有建立起来，效益也不够好，收入不是很高，但是员工可以经历一个公司创业的过程，亲身经历很多创造性的工作。上述这些对于那些希望体验成就感的人来说是很具有吸引力的。

5. 公司的工作时间相对灵活

在公司里实现了弹性工作时间，大部分员工不必每天按时上下班，只要在规定的时间内完成自己的工作任务即可。而且，员工可以在家里办公，如果家里有足够的办公条件，例如电话、电脑、网络等。事实上，这对于希望有自由支配时间的人来说是再好不过了。

6. 有优秀的上司和出色的同事

虽然公司规模并不是很大，资金也不雄厚，但公司的创始团队和大部分员工都来自名牌院校，有着较高的学历和素养，这样的环境对人才也是很有吸引力的。

7. 公司办公环境舒适宽松

尽管公司的地理位置处在较偏僻的地方，但是和那些在市中心的写字楼比起来自有其好处：工作环境安静舒适，而且公司提供接送员工的班车，这样的条件同样会使那些对安静环境要求较高的员工对公司动心。

8. 较大的责任和权力

公司规模相对较小，分工可能就不像大公司那么细，因此每个人的职权范围相对来说比较大，很多人都会有独立自主负责一部分工作的机会。比如，在一个大公司做人力资源，员工可能只是做招聘工作，而到了一家小公司就可能负责全面的人力资源工作，这对任职者来说将是一次求之不得的锻炼机会。

9. 其他公司所不具备的挑战或发展机遇

假如公司正在做一项意义重大的事业，需要付出非常多的努力，而且还不能排除失败的可能性。但是这对于那些喜欢挑战的人才来说，也许他们最大的快乐就在于此。

除此之外，诸如开放的沟通氛围，以人为本的管理风格，能提供不断学习机会的学习型组织，工作出色时及时得到承认和奖励，有机会做擅长的事情以及该工作对社会有重大贡献等因素都很有可能成为吸引应聘者的优势因素。

心理小贴士

现实中，不是所有的公司都能够为员工提供最优厚的待遇，也不是所有的公司都能够幸运地名列财富500强，可是所有公司都希望招聘到优秀的人才。

从心理学角度看企业人才管理的真谛不是用"金手铐"锁住张三李四，也不是事后扑火、亡羊补牢，而是使自己成为一片沃土，让人才如雨后春笋，势不可阻。

在商场中，有些经营者常常是为人之所不为，走人之所不走，办人之所不办的商务，采取"人弃我取，人去我就"的战术。就像是《孙子兵法》中所说的奇兵，不从正面作战，而是组成一支从侧面突然出现的军队，往往出奇制胜，获得别人意想不到的收获。

不吝啬你的创新

从经商心理学上讲，经营最可贵的就是创意，一个好点子、好创意往往能使你的经营之路柳岸花明。在现实生活中，财富永远属于那些具有创意而又能把新观念付诸于行动的人！

所以，千万不要吝啬你的创新，努力开发自己的想像力，围绕你的事业让思维不受拘束地展开联想。

[与众不同，自然"诱人"]

心理学告诉我们，在市场竞争中出"奇"者胜。纵观商界，大凡在角逐激烈的市场上取得成功的经营者，都有独特的经营思路和较强的经营行为。

在美国得克萨斯州的"东方咖啡"饭店是由多尔西•马格和伊莲娜•马丁这两位女士联合开办的。

但是，开业一段时间后，因为没有什么特色，顾客很少，饭店惨淡经营，难以为继。后来，两个人想了个招数，店后的大花园可以开发成菜园，以自产的新鲜蔬菜来吸引顾客，局面也许会有所改观。

说干就干，她们聘请来贝蒂•佩雷兹女士，将花园改造为菜园。有13年菜园工作经验的贝蒂干得非常出色。很快的，饭店的后花园就改造成了一座菜、果、花三合一的综合园。各种蔬菜，果树，花草相互间种，布置得很美观，既可食用，又可观赏。最后，设计者还在菜园的四角种上果树，园中有土豆，南瓜，菠菜，洋葱，韭菜，还有百里香，万寿菊等花和草药。

顾客来到这里，不但能够品尝到刚从饭店菜园里采摘来的新鲜蔬菜，水果，而且还可以到菜园里去散步，观赏菜盘中的食物是怎样生长的，还可采摘园中的果蔬来品尝。"在别的饭店吃南瓜，却不知南瓜是什么样子，吃茄子，不知道茄子有多大。到我们饭店可以边吃边看，十分有趣。"多尔西和伊莲娜向客人们介绍说。美国的报纸很快报道了这家独具特色的饭店："夏夜，远处萤火虫在跳舞，人们在花园里边乘凉边品尝着佳肴，每一口都有不同的风味，每一盘都是园中的鲜物。"

就是因为主要靠自己园中的蔬菜供应顾客，"东方咖啡"饭店可以不受市场上菜价猛涨的影响，始终让顾客感受到这里蔬菜的价廉物美。所以，她们的生意越做越好，收入自然也水涨船高。

这真所谓是画龙点睛、满盘皆活。"东方咖啡"饭店的后花园使其凸显了个性，成为有别于其他饭店的重要卖点，结果出奇制胜。

现实生活中，人们喜欢把商场比作战场。商场上的较量，也要靠出奇制胜。当按照常理"循规蹈矩"地搞营销时，可能成效甚微，甚至蚀了老本。但是打破常规，独辟蹊径，想人之未想，做人之未做，很可能会出奇制胜，赢个盆满钵盈。在经营活动中，高明的经营者都有一套出奇制胜的经营绝招，以使自己在激烈的市场竞争中始终立于不败之地。

[抓住顾客的"猎奇"心理]

在现代社会竞争对手如林的形势下，大家都在摩拳擦掌，想靠自己的本事创造财富，可是，却普遍犯了"随大流"的毛病，缺少创意思维，哪里有钱赚，哪个行业赚钱容易，大家就汹涌而去，结果，总是会有一些人碰得头破血流。这就是为什么很多自以为聪明的人仍在打工，而一些先前看起来比较低调的人却已当上了老板的原因。

现实中，有很多经营者在经营艺术上标新立异，使出奇招妙计，抓住消费者心理，获得了出奇制胜的效果。

同样是在美国得克萨斯州，有一家牛排店，老板居然把店命名为"肮脏牛排店"。但这家牛排店正是因奇名、奇店、奇招而生意兴隆的。

走进店里一看，你就会发现，果然是店如其名：店里不用电灯，点的是煤油灯，光线昏暗；天花板上全是脏兮兮的灰尘（人造的，不会往下掉）；墙上挂着数不清的纸片和布条，还有几件破旧的装饰品，比如木犁、锄头、牛绳、木雕和印第安人的毡帽；粗糙的桌椅都是木制的，椅子坐上去还会摇晃，发出"咯咯"的响声；厨师和侍者穿的花格子衬衫和牛仔裤，看上去就像从未洗过似的。不过，重要的地方在于他们的牛排味道很好，且完全符合食品卫生的要求。

与众不同的是，这家店还有个奇怪的规定："光临本店的顾客不准打领带。"若是有顾客打着领带进门，两位笑容可掬的服务小姐就会迎上前去，她俩一人持剪刀，一个拿铜锣，锣响刀落，顾客的领带被剪下了一大截。站在一旁的侍者马上会递给顾客一杯美酒，敬酒压惊。进门这杯酒是不收费的，而且售价足以赔偿顾客领带被剪的损失。最后，那段被剪下来的领带，则和顾客签了名的名片一起，被钉到墙上留念。

据说，这家店从未因为剪领带而惹顾客不快，相反顾客还会感到颇有情趣。

无独有偶，在意大利罗马有家"无礼餐厅"也有着异曲同工之妙。"和气生财"本是"生意经"，但在这家餐厅里，顾客光临，服务员绝对不会笑脸相迎，相反还恶声恶气地加以盘问，并随手将菜单"塞"给顾客。

拿到菜单后，看上面菜的花色品种倒是不少，但菜名中隐含着尖酸刻薄的嘲讽。尽管这家餐厅的服务员极其粗俗、无礼，不过菜肴却相当精美，且货真价实。事实上，正是因为这家餐厅采用了"无礼服务"的奇招，不少人抱着"要去看个究竟"的猎奇心理光顾。自开业以来，光顾这家餐厅的国内外游客络绎不绝，餐厅的生意也如火如荼地进行着。

时代在发展，在激烈的市场竞争中，制定营销策略尤关重要。上述经营者正是因为转变思维，独辟蹊径，才出奇制胜占领市场，其新颖的营销术值得借鉴。

从心理学角度来说，"墨守陈规"、"固步自封"是永远无法成功的。出奇是一种可贵的创新思维，更是一种可贵的精神境界，只有出奇招，才能推陈出新，才能于激烈的竞争中找到自己的一席之地！

心理小贴士

在市场竞争中，高明的商人懂得先知先行，为同行之所未想，为对手之所不能，出奇无穷，使经济实力蒸蒸日上；相反，你能人也能，你有人也有，满足于一般经营，对市场机遇熟视无睹，则必有倒闭破产的危险。但是，不断出奇品，攻市场之不备，出顾客之不意，满足顾客的心理需求，就能捕捉到很多的市场机遇。

在商家，有这样一个说法，那就是：顾客就是上帝。其实，客户是商家的上帝。没有客户，商家就缺少了赖以生存的根基，众多商家很明白其中的道理，都在倾尽自己的全力来满足客户的需要。满足客户的需要不仅需要满足客户的实际需要，更要满足客户的心理需要。只有这两方面都满足了，客户才会对自己"死心塌地"。

跟你的客户走走心

无论什么公司，都会有客服部门，"客服"顾名思义就是服务与客户的，帮助客户解决关于产品的问题。所以，很多企业和公司的客服部门是一个企业的深层内涵的代表，客服优秀，这个企业和公司就会拥有不错的客源，如果客服质量差，那么客户便会早早地离开这家企业和公司了。所以，作为公司重要的职能部门，客服人员应当尽量满足客户的心理需要。但满足客户的心理需要，首先应当明白客户的心理。

[**研究客户的心理**]

不同的人有不同的性格，不同的性格就会产生不同的心理，所以，在研究客户的心理时，应当首先研究客户属于哪种性格的人，这就有必要对人的性格进行分类研究了。

首先是性格敏感型的客户。这类客户精神非常饱满，他们做事喜欢速战速决，而不喜欢把今天可以做的事情拖到明天，与这类客户打交道，首先要热情地招待他，有话就说，尽量做到与客户快速的沟通，对于客户提出的意见和建议应当重视。但这类的客户容易冲动，这就要求企业要小心应对这类客户。

其次是感情型的客户。从这类客户的言谈举止中就可以看出他对某个公司的感情和评价。这类企业的客服一般可以为客户提供全方位的服务，这类客户会把企业和公司的优势与长处记在心里，如果遇到货源短缺等问题，他们能够立刻理智地找出解决问题的手段和方法。这类客户相比较而言，他们比较容易感情用事，虽不易冲动，但却容易犹豫不决，当他们面对要作决定的时候，往往不知道该怎么做。这时就需要企业和公司积极地向前询问，看客户需要什么帮助，这样客户焦急的心理会得到缓解，对公司和企业的主动也会心存感激。

再次是思考型的客户。这类客户对企业和公司提出的建议不会马上接受，他们不容易听取他人的劝告，总是在怀疑，这类客户容易给新产品的上市带来难度。对于新上市的品牌，他们一般先观望其他店里的产品销售情况，当他们对这个产品有了明确的把握后，他们才会作出决定。

这时企业和公司就应该耐心的等待时机，尽全力解决和满足他们对产品的一切问题和需求，在服务此类客户的过程中，不能急于求成，要注重引导他们，分析他们的心理需求，进而进行相应的服务。

最后就是想象型的客户。这类客户想象力丰富，他们总以为事情做得可以像他们想象的那样，而事实却不是那样。他们多半是凭借自己的经验来做事，因此缺少理性。有时他们的经验会给他们带来损失。遇到这类客户应该耐心地对他们进行解释，跟他们讲清楚一切，以免无法满足客户的心理需要。

这只是几种有代表性的客户类型，其实还有其他的客户类型，不同的客户对企业和产品就会有不同的心理需求，这就需要商家各自的努力了。

[满足客户心理需求的方式]

首先能够满足客户心理需求的方式便是"道歉"。当客户气急败坏地来到公司的客服部投诉时，客服部的工作人员应当忍受住客户的无理与气愤，将自己心头的火气压下去，待客户生气的情绪稳定了，再站出来承担相应的责任。

在处理客户的投诉的时候，首先应该真诚的道歉，这样的话，客户的心理需求就会得到满足。但是，令人失望的是，众多的服务代表在处理客户的投诉时，首先都是推卸自己的责任，这样只会让客户更加的生气。假如所有的客服都可以从一开始就承担责任，那么客户的态度很快就会缓和，客服与客户的沟通就会更容易。

其次就是在听客户讲述问题时，客服或者企业的负责人应当有足够的耐心，不可以因为听不了客户的讲述就粗暴地打断客户的讲话，这样只会让客户很没面子，他原本希望得到尊重的心理被重重地刺了一下，那么，下一步的沟通就更难了。

再者，在向客户阐述公司的解决方案或者方法时，要详细地给客户讲解，面对客户频繁地提问，应当细心地予以回答，尽量满足客户的需求，不要因为客户的问题太简单就不屑于回答，这样会让客户觉得你是在轻视他，那么，日后他便不会同公司有所合作了，或者二者之间的合作不会很愉快。

最后，在客户得到自己想要的回答和相应的心理得到满足后，要微笑着把客户送出门，不应当粗暴地将客户赶出去，如果这样的话，无论之前你对客户做出多么诱人的承诺，客户都不会再信任你了。在他们眼里，你们的承诺是一纸空文，没有丝毫的可信度。

只要商家按照这样的方法去做，相信没有一个客户会不满意该商家的服务，这个商家的信誉就会传出去。客户都希望商家能够充分地尊重自己，只有商家尊重客户了，客户才会愿意同商家积极地合作，这样商家才会赢利。

心理小贴士

总而言之，商家在与客户打交道时，应以满足客户的需求为首要任务，如果一个企业或者一家公司连客户的需求都无法满足的话，它还有什么可以值得客户去信任呢？满足客户的需要不仅包括实物的需要，还包括精神的需要，比如心理需要。客户的心理需要是客户对企业和公司的最重要的需求了。

有这么一个说法，叫做"先入为主，后来居上"，说的是首先进入的是主要的，后来的就在上面了。随着时间的推移和社会的发展，这个说法似乎越来越不成立了，于是，有人曾将这个说法改为"先入易为主，后来难居上"。首先来到的确实可以占据有利条件，但后来的就未必可以居上了。

敢于迈出第一步

这个说法在过去可以行得通，但在现在却不是这样了。商场如战场，先来的是可以为主，而后来的就未必可以成为众多先来的"上级"。无数商场实例证明，后来的也难居上。这在互联网业和电玩业是一个不争的事实。

[先入易为主]

先入易为主是指首先进入到脑海里的容易先在脑海里形成一种印象，人们对于这种第一印象总是能够铭记于心，这种印象会在人们的脑海里占据主导地位，如果再有新的产品进入，也很难为人们所接受了。这在商场尤为准确。

一件产品进入到市场之前，商家会为该产品的上市做大量的准备工作，以确保该产品顺利上市。当厂家做准备工作时，他们首先考虑的就是如何从心理上征服大众，只有从心理上征服了大众，人们才会对此产品感兴趣，才会有购买产品的欲望。

商家为了征服大众的心理，便会施展各种方法和手段来吸引大众的目光，当人们对该产品有了初步的认识后，便会想进一步地了解产品，商家可以趁此时机对客户进行宣传，以让客户更多地了解自己的产品。一旦客户对一样产品的了解达到一定的程度后，如果再有其他的产品进入到客户的视野中，他也不会有太大的兴趣来关注另一样产品。

先入为主是征服客户心理的一种结果，只要征服了客户，就会有利润。但是，这也有例外的。有的产品表面看起来很不错，但当客户深层了解产品后，会发现原来产品并没有宣传的那么好，是"表里不一"的典型。于是，客户便不会对产品感兴趣了，"先入为主"也就不成立了。

先入易为主是一种优势，尤其是在商场上，这种优势更为重要。有的商家正是靠了这个优势才得以战胜对手，才得以占领市场。先入易为主是商家攻占客户心理的一种战略，这种战略是商家利用心理上的一种战术。

在商场上，众多的商家都知道利用这种方式来抓住客户的心理，于是，商场上一轮又一轮的商场大战在不断地上演，客户也在这些"商场大战"中对商场的规则有了一定的认识。

"先入易为主"的说法如今已经得到人们的普遍认可，这主要是因为人们对新鲜的事物总是有十足的兴趣，首先看到的总是可以吸引自己大部分的精力和注意力，以至于人们没有多余的心思去关注后来的新兴事物。所以，商家都是在积极地做那些"先入的"，而绝不做那些"后来的"，因为"先入的"要比"后来的"有更多的机会。

[后来难居上]

后来者难居上不是没有事实依据，而且这类的例子不在少数。

在日本的电玩业，点子巨擘索尼公司新推出了一种游戏机的主机，在该主机推出大约八个月后，其在日本的销量竟然突破百万，所用的时间仅仅是其对手任天堂出售同类产品时间的四分之一。

另外，在日本同样有着一定市场的微软公司也推出了相应的游戏机新主机，但从销量上来看，远远无法同索尼公司和任天堂相匹敌。虽然这三种游戏机主机在日本市场呈现三足鼎立之势，但更多的专家预计说，索尼公司虽是后来者，但也未必能够居上。

这是商场上的例子。在商场上，那些后来的未必就一定能够可以成为居上者。这主要是因为人们受先入为主思想的影响，很难接受后进入的产品。在人们的心中，他们对先进入的产品的了解要多于后进入的产品，由于自己并不了解后进入的产品，所以，人们一般会选择自己熟悉的，而不会选择陌生的产品。

从心理学角度来说，人的心理都是有选择性的。一旦一种事物首先进入到了人们的生活当中，人们便会从心理上很自然地接受这种事物，对于那些后来的，人们多半是报以观望的态度，从不以身涉险。这是由人们的心理决定的。

后来难居上还有其他的原因。比如商家自身的原因。有的商家在对自己的产品进行宣传的时候，无法超越原来同类的产品，这些商家便对这种结局"认命"了，认为自己的产品确实无法超越对方，其实，这是一种自我否认的想法，也是一种商家自卑的心理。

若想后来居上，就应该首先吸收原来同类产品的优点，然后再自行研究具有自己优点的产品，然后再在产品宣传上做足努力，尽量把自己的优势突出出来，让客户对自己的产品有一个更加清晰准确的认识，这样，应该是可以达到"后来居上"的目的。然而，事实是众多的商家并没有想到这一点，只是一味地模仿他人的产品，从未想过创新出属于自己的东西，结果便可想而知。

虽然也有人认为，后来的可以居上，但在商场上，这种情况总是需要很长的一段时间才会出现，这是因为从"先入的'，再到"后来的"，这是一个接受的过程，也是一个适应的过程。这个过程无法逾越，所以，后来的"难"居上。

心理小贴士

先入易为主是人们公认的观点，也是毋庸置疑的观点。没有人会认为先进入视线和脑海的东西会轻而易举地被后来的东西覆盖住。正因为已经有了先入的事物，所以后来的就不会立即引起人们的注意力。总是在人们对先来的感到厌烦了，才会在偶然间看到后来的有多么的优秀。其实这是一种"喜新厌旧"的做法，任何一种产品的客户都是以这样的想法和做法来对待他们所需要的任何一种产品。先入易为主，后来难居上，也不无道理。

客户忠诚，指的就是客户在对企业的服务感到满意后从而产生的对某种产品或者品牌的信赖，从而进行支持、维护和希望能够重复购买的一种心理倾向。这实际上也是一种客户行为的持续性。当然，不同的客户所具有的客户忠诚差别也比较大，不同行业之间的客户忠诚度也大不相同。而一些能够为客户提供高水平服务的公司往往会拥有较高的客户忠诚度，其忠诚的客户群数量也相对较大。

贯彻"客户价值"理念

企业若想培养忠诚的客户群，就需要对不同的群体进行准确的营销定位。在市场中，散户客户数量最大，其影响力也比较大。这类客户多是非职业性的，并不是每天都能够固定，但是其稳定性较高。这类客户的忠诚度很高，这是由于客户本身的客观条件限制以及其非职业化所带来对某种企业产品和品牌的依赖程度。因此，企业应将重点放在这类客户的参与度上，可以通过举办各种商业活动来吸引其注意力，以此来扩大企业的影响力，从而培养忠诚的客户群。

[分析客户群体需求类型]

从心理学上进行分析，有的客户群文化素质和层次都相对较高，并且有较强的独立性和市场分析能力。这类客户群很容易被忽略，因为他们的类型既不繁琐，也不像很多客户那样挑剔。而实际上，他们的弹性是比较大的，其商业潜力也比较大。所以，企业应该将重点放在这种客户类型上，充分挖掘其潜力，为他们提供最快、最新的资讯，同时也提供最新技术的交易手段和交流培训的机会。这样在一定程度上就会提高他们的客户忠诚度。

而另外一种类型的客户群，这些客户的时间比较充裕，同时对市场情况和各种企业的品牌都有十分丰富的经验。同时这类型的客户群资金量也比较大，能够与商业中的人士进行很好的交流。正是由于这类客户自身条件的优越性，很多企业都争相拉拢。而面对着市场上众多的物质诱惑，此类客户难免会膨胀心理期望，同时更容易被外界因素所影响，因此，被其他大公司所拉走的可能性很大。

若想巩固和培养此类客户群为忠诚客户，企业所要做的工作是繁琐而辛苦的。仅靠一些物质手段的吸引是远远不够的，必须要从思想上、情感上甚至是文化上让这类型的客户获得价值认同感。这样才是真正挽留住他们的手段，同时能够提高他们的客户忠诚度。

[具有优质服务，贴身服务的商业心理]

戴尔是一个天才型的商人。他从12岁的时候就对商业有了一定的了解。在他16岁的时候他就发现了他的生意模式。他懂得如何在芸芸众生中精准地抓到目标客户群，他帮助一个邮报争取到了大量的订户。当他的父母问他为何不认真念书时，而要去选择创业的时候，他的理由是找到了一个生意模式，这个生意模式可以让他的公司和当时最著名的IBM公司竞争。

戴尔知道，在生意场上，永远都会有一群人，永远都会有某种需求，这样你就永远都有机会去满足他。所以，即便当时戴尔的公司没有成功，他也一定会是一个成功的生意人。而戴尔成功的原因就在于他拥有固定而忠诚的客户群。

当戴尔还在读大学的时候，他的宿舍中经常有律师、医生、工程师一类的人出入。这些人对技术比较喜欢，同时又有自己个性化的需求。他们属于有钱没时间的人，于是戴尔就按照他们各自的要求帮助他们配置电脑，然后卖给他们。在这个环节中，重要的并不是戴尔卖电脑成功，而是客户的贴身服务得到满足。于是，戴尔就拥有了忠诚的客户群，这也是戴尔能够成功的一个重要因素。

对于戴尔来说，他的成功并不是因为他的直销手段，而是他拥有忠诚的客户群。他能够去找到忠诚的客户群，了解忠诚客户群，倾听忠诚客户群，并且通过直销的手段去接触他们。为他们制定量身打造的服务，所以，这个方式是戴尔商业模式成功的核心价值源。于是，当时尽管很多企业都强调自己也要去做直销，尽管他们在渠道和市场方面取得了很大的成功，但是他们还是会遭到市场经济的冲击，最重要的原因就是他们没有培养忠诚的客户群。

客户忠诚是通过互动和对话建立起来的。企业只有累积了对客户的了解，知道什么时候该提供什么样的产品和服务，只有这样才能让客户心甘情愿地与你合作。在激烈的市场竞争中，没有比了解客户的偏好和需要更加重要的了。所以，企业可以通过一些座谈会，以及一些让客户参与的活动来增强和客户的沟通，同时注意培养忠诚客户群体，建立信息反馈。必要的时候可以掌握和建立客户的档案，掌握客户的相关资料，只有这样，才能提供企业所需的相关客户资料，为客户提供需要的服务。

心理小贴士

总之，企业培育和维护一个忠诚的客户群体是非常重要的，它甚至代表着营业部核心竞争力。忠诚的客户群是企业得以生存和发展的保障，企业要始终贯彻以"客户价值"为中心的理念。并将这一价值理念贯彻到新一轮的市场竞争中，把握客户的需求心态，培养固定、长期、忠诚的客户群。

现在的商场变化莫测，商机一闪而逝，怎么保持企业的旺盛生命力是一个关键。只有不断地创新，开发新产品、新服务才能在商海中站稳脚。企业的创新不能盲目，要根据消费者的需求，抓住他们的心理来创新，否则再好的创意没有市场前景也是白搭。

创新求生存

[具备创新的心理]

随着人们生活水平的提高，人们越来越讲究享受了，单只是一个手机就能有很多花样。20世纪90年代，如果有人拿着跟砖块大小似得大哥大就让人很羡慕；但是大哥大太大携带不方便，于是厂家根据消费者的需要又研究出了传呼机；可是传呼机要在有固定电话的地方才能用，还是很不方便。企业又进行了技术创新，出现了淡薄轻小的手机。可是刚开始的手机只能打电话接电话，不能做其他事情，花那么多钱买个功能那么单一的产品太浪费了，于是，手机又更新换代。现在的手机既能听歌、发短信、看书、玩游戏，还出现了GPRS导航系统，还有的带电子地图为人们出行带来了方便。

企业抓住了消费者的心理，进行不断地创新以满足人们的需要，这是企业成功的必要因素。企业要想成功就要跟消费者打心理战术，运用各种手段吸引消费者，使他们购买自己生产的产品。

有的企业根据消费者猎奇的心理，不断地推出新的产品吸引消费者；有的根据消费者享受的心理，提供优质的服务和顾客至上的态度留住顾客；有的根据消费者的好奇心，通过大肆的宣传引起消费者的注意……

不一而足，只要能吸引消费者的就是好点子，好方法。而创新在这之中占有重要的地位，因为只有好点子，没有新的产品满足人们的需要，是远远不够的。人都是喜新厌旧的，都会被别的新奇的事物吸引，所以为了企业的长久发展一定要创新。

中国联通是中国通信业的二当家，他在移动如此的压力下还能不断地拓宽市场，在通信业占有一席之地，与他的创新是分不开的。中国联通的发展史可以说是一部创新史，创新已经成为了中国联通的企业文化。

1994年7月，中国联合通信公司成立，打破了电信业的垄断地位。联通初成立，对中国电信来说就像一个小小的婴儿一样，没有一点竞争力。联通也知道，要想发展就要开展差异化竞争，这样才能在竞争中取得优势。所以中国联通首先引入GSM网络，建立中国第二个公用移动通信网，破除了电信的垄断地位。

但是由于才开始的实力相差太大，联通开通GSM网络并没有取得很强的竞争优势。2002年，联通又建成并开通了CDMA网络，至今CDMA网络的用户已经超过了7000万。由于联通的发展时间很短，资本实力一直处于弱势，所以联通又开启资产重组，并且在境内外上市。三地上市和两次注资，让联通获得了近600亿元资金，支撑了中国联通的"超常规、跨越式"发展。

中国联通针对不同的消费群体开展了不同的业务。"世界风"承载中高端客户，"新势力"面向年轻一族，"如意通"针对大众消费群体，"新时空"面向行业应用。在四个客户品牌基础之上，还承载了"联通无限"、"联通商务"两个产品品牌，加上服务品牌"联通10010"最终形成了一个全面的品牌战略。2007年，联通又通过G/C两网分营，强化了两网的协调发展。

为了适应现在的电信转型，联通提出了"TIME"计划，从基于通信的通道服务向信息服务和媒体、娱乐产业转型。为此，联通进行多方合作，比如和华纳音乐合作推出"联通无限音乐榜"；和中国传媒大学合作向联通手机用户开展广告服务；与20多家券商合作升级基于C网的"掌上股市"手机炒股业务；启动"炫曲"整曲下载业务试运行等。

这一系列的创新行动使得中国联通从一个与中国电信无法相提并论的小企业发展到现在的全国有名的大公司，建立了中国第二个公用移动通信网。

现在2G时代已经过时了，到了3G时代，中国联通再次领先，于2007年10月在澳门开通了CDMA20001xEV-DO 3G服务。中国联通在"创新基因"的引导下，必将再次创造辉煌。可见，创新的心理素质不可缺少！

[成功应具备创新的头脑]

美国制造农业机械的厂商西拉斯·马克米克，为了使公司的营业成绩有突破性的进展，着手研究各种谷物收割机。一年到头他都在想这方面的技术改造和创新。

一天，他到理发店理发。他舒适地躺在理发椅上，漫不经心地听着理发推子的悦耳声音，就在这个时候，一个新鲜的念头突然闪现在他的脑海里："把理发推子的原理运用到收割机上，这不就得了？"

他立刻把这个创意付诸实践，不久，制造出了第一台收割机并将它商品化，公司很快成了全国知名的企业。

从商业心理学出发，成功源于创新，创新可以创造奇迹，可以把没有变成有，把不可能变成可能。没有创新的世界就会黯然失色，人们整天对着一成不变的事物，会多么乏味，多么寂寞啊！没有创新，人们将失去继续追求美好事物的动力。创新不仅对企业成功很重要，我们的日常生活也离不开它。

创新是一种心态，坚持"没有最好，只有更好"的信念，就会一直不断地创新下去。创新是一种能力，有创新力的人都具备系统整合能力、科学的思维方式和对世界的深刻理解。创新是一个永恒的话题，也是永恒的追求。

心理小贴士

商业心理学认为，随着经济的发展，资本越来越集中，竞争也越来越激烈，在国内更是如此。国内消费增长比投资慢，出现供过于求的现状，必然会导致生产过剩。现在产品技术竞争的差异化越来越小了，上个星期刚出了一款新式的手机，今天在大街上就变得随处可见了，而且各种品牌的都有；今天刚换了一首新铃声，在公交上一路就听到了几次相同的声音。所以，面对这种情况，企业只有不断地创新才能求得生存。

经商不仅需要一个好的经营头脑，更需要懂得抓住机遇，在最恰当的时机做最正确事，随着社会主义市场经济的发展，安定团结的政治环境，自由、平等的经济竞争，为经商者创造了很好的机遇，所以在机遇面前一定慎抓慎选。经商心理学家卡难基说过："一个企业家关键时刻一定要抓住机遇，更深一层的研究、利用机遇。"只要能够抓住机遇，并且合理利用时机，在正确的目标下努力奋斗，就能在经商的行业中脱颖而出，找出经商的成功之道！

抓住机遇，合理利用时机

[慎抓机遇，主动出击]

俗话说千载难逢，天赐良机，就是指机遇，也就是人们所说的幸运。其实幸运在现实社会中并不存在，它是无形之物，但经常会出现在人的头脑中，猛一刹那闪现出来，带给人一种惊喜与希望，它像气一样，虽不存生却又时常出现，可以说它的产生是主、客观相互作用的结果，即有必然性也有偶然性，只有捕捉住机遇，才能使机遇由可能性向现实性转化，然后取得经商的成功。

机遇藏在人类的日常生活中，只要留心周围的小事，拥有敏锐的洞察力，就能看到不奇之奇，19世纪的英国物理学家瑞利正是从日常生活中的端茶中，看到茶杯在碟子里的滑动与倾斜规律，才得到一种求算摩擦的方法，取得了科学界的又一伟大成果。

在拥有敏锐的洞察力时也要具备一定的判断力，尤其是从商人员，在抓住机遇的时候，不应盲目实践，应根据自己的判断力选择和从事利于社会又适合自己的商业，这样才能带给自己物质与精神生活的满足，促成事业的成功，为人们创造更大的人生价值。

早在1981年，英国有一件大新闻：英国王子查尔斯和黛安娜在伦敦举行耗资10亿英镑、轰动全世界的婚礼，这消息一经传开，伦敦及英国各地的人民群众全部轰动，很多工商企业也都绞尽脑汁地想利用这千载难逢的发财机遇。

有的把糖盒印上王子和王妃的照片，企图卖个好价钱，有的把各式服装染印上王子和王妃结婚时的图案以便引起观众的注意，就在这些诸多的从商经营者中，有一老板却独出心裁，他认为："人们最需要的东西才是最赚钱的东西，一定要找出那一天人们最需要的东西。"

他想到，盛典开始后数百万人观看的场面，他知道当时的观众最希望的就是能一睹王妃尊容和这场典礼的盛况，这个时候人民群众最需要的不是一枚纪念章，不是一件纪念衣服，而是一副能使他看清人和景物的望远镜，于是他生产了几十万副马粪纸和放大镜片制成的简易望远镜。

盛典正式开始，正当成千上万的人由于距离太远看不清王妃丽容和典礼盛况而急得抓耳挠腮之际，突然有人高喊："卖望远镜了，一英镑一个，请用一英镑看婚礼盛典！"顷刻间，几十万幅望远镜被抢购一空，这位老板也通过这一次的机遇发了笔大财！

机遇对于任何人来说都是平等的，关键就是看谁抓得好，抓得准，所以经商的成功人士不仅需要善于观察的头脑，更需要在恰当的时机做最正确的事，想要胜人一筹，就需要在认识分析上高人一筹。

社会的需要是多方面的，美国心理学家曾提出过五个人生需要，从生理到心理需求，从物质到精神需求，从直接到间接需求，这些都可以成为从商者的机遇，所以个人无论从事什么工作，只要是对社会对自己有益的皆可选择。

选择从商行业离不开个人的需求与团体需求，这些需求都离不开兴趣与爱好，但是个人喜欢不等于所有的人喜欢，所以从商者要善于观察，在社会、国家、集体需要的情况下，就不必过分适应个人兴趣，而是懂得从大局出发，符合社会需求心理发展。

当新生事物确实有一定的存在道理，而且这种新事物能够推动社会进步，能够符合广大群众的未来需求，那么从商者应当将自己的眼光放长远，所谓万事开头难，只要道路正确，坚持下去，就一定可以重现"山穷水尽疑无路，柳暗花明又一村"。

[机遇离不开人的个性]

从心理学上来看，个性是一个人带有倾向性的稳定的心理特征的总称，它包括个人的倾向、性格、智能等方面的内容，所以个性直接影响着人们捕捉机遇，创造机会的能力，个性的差异因素以及个性与特定环境的协调状况是从商成败、命运好坏的重要因素。

只有学会摆正挑战与机遇的关系，根据每个人特有的个性去设计人生，才能叩开机遇之门，选对从事行业，找到人生价值所在，踏入幸福之境。

机遇与个性、气质有着密不可分的关系：

个性能够直接影响一个人的注意力，使人达到痴迷的境界：爱好能够让人着迷于一件事情上，然后从这件事情中发现问题，取得成就，蒲松龄曾说过："书痴者文必工，艺痴者技必良。"只有"入迷"才能够让人致力于一件事情上，而机遇就会在这个时候悄悄产生，给入迷者带来一种灵感，使他攀登到人生的最顶峰，比如琴纳创入迷于免疫学研究，连日常的小事都不放过，才会发现挤牛奶的妇女不得天花这一现象，牛顿太过专注对苹果树的观察，才会发现了万有引力定律等等，他们给自己和社会带来了意想不到的成果。

因为爱好所以痴迷，因为痴迷所以会产生好奇心，有了好奇心才会发现与捕捉机遇，其实心理专家称这种好奇心为不满足心理，因为不满足现在的定律，觉得它存在有一定的弊端，才会产生好奇心，并在这种好奇中张开思维的翅膀，在未知的领域里飞翔，然后在时间的论证中获得成功。

个性能够显示出一个人的气质来，通过气质就能看到这个人生活在怎样的环境中，他有着怎样的性格，他的爱好与兴趣是什么，因为气质并不是先天就有的，而是在日常行为中培养起来的。

气质能够影响人的性情和灵敏度，影响个人所宜于捕捉的机遇类型，比如直率热忱、性格外向且精力充沛的人，他们喜爱热闹的地方，只有在热闹中才能捕捉住自己的那份灵感与工作热情，所以比较适合从事教育、社交方面的商业活动。

有些人神经活动兴奋性高，思维机敏灵活，动作反应迅速，能够在一刹那捕捉机遇，生死之间寻找活路，所以比较适合从事侦察及自然科学领域的事业，有些人性格沉稳，对新环境有较强的适应性，这类人就能成为企业家或是社会活动家等等。

总而言之，不同气质的人都可以找到与各特征相适应的商业机遇，所以人们做出一生选择的时候应根据自己的气质类型选择适合自己的职业与环境，才能够捕捉到较多的机遇，取得事业上的成就。

心理小贴士

从商的人们想要在激流勇进的社会中抓住机遇，就要懂得从商成功心理学，根据个人的心理特征来选择适合自己的从商行业与特定环境，这样才有利于最大限度的发挥自己的才智与能力，在挑战与机遇面前，抓准时机，作出正确的抉择，成就辉煌的业绩！

卓越的管理者
都会学的心理学

————●————

⑨

　　做管理就是管好人，评定你是否是一个合格的管理者，取决于你能不能激发出大到团队，小到个体的内在潜力，把一盘散沙打造成具有执行力、战斗力的团队。卓越的管理者懂得运用心理学，会依据每个员工的特点来激发他们内心的需求，让一个自由散漫、暮气沉沉的员工变得自信自强、积极高效、敢于负责、视平庸为耻辱。而这些能力并不神秘，只要注意运用管理心理学，谁都可以做到。

对人的管理来说，领导活动是至关重要的。而领导的艺术也是对人管理的艺术。古代有位名人这样说过："凡说之难，在知所说之心，可以吾说当之。"这句话的意思就是说，做人的工作难就难在了解人的心理特点，只有了解和把握了被说者的特点，才能够打动和说服被说服者的心。这些特点就要求人们在充分看到领导工作规律的同时，也要看到人的心理是可以被预知和控制的。

自我调适领导者性格

只有通过了解一个人到底在想什么和需要什么，工作才会有针对性，才能够有效地实施和员工在各个领域的合作，提高领导的艺术。但是在看到这些问题的同时，还需要知道自己的问题和缺陷，有句话叫"知己知彼百战百胜"，正是这个道理。

[性格对领导活动的影响]

在领导活动中常常会出现一些情况，而这些情况是非常普遍的。有一些领导者才华横溢，但是他们的工作绩效并不突出。而有的人看起来十分普通，并不突出，却在自己的领导工作中做出了突出的贡献。这种情况说明，领导才能可以作为影响人的活动效率的基本因素。真正要使领导活动能够取得有效性，关键是领导才能要如何得到充分发挥。

领导者若想充分发挥自己的才能需要考虑到各种因素，而这些因素会受到各个方面的制约。其中，性格就是关键因素。性格往往是区别于他人的、鲜明的个性特点。这是一个人最重要、最稳定而长久的个性特征。性格和能力是个性心理特征的两个主要方面，它们彼此之间是相互联系的，有着共同的心理基础。当心理个别差异在心理过程中表现出来并影响活动的效率时，就会通过能力的方式表现出来。

当心理在人的行为活动中表现为影响行为方式时，通常表现为性格。但是行为方式和活动效率又是密切联系的，性格对一个人领导能力的发挥有着重要的影响。反之，领导者性格的缺陷往往就会制约其才能的充分发挥。正如三国演义中才气过人、足智多谋的司马懿也会中了诸葛亮的空城计一样，这就是他多疑的性格所致。由此可见，性格对于一个领导者的影响是多么重大。

在领导活动中，总是有一部分领导者会取得突出成绩，而另一部分领导者的成绩十分普通。造成这种局面的原因是这部分领导者的"潜才能"不能被转化成为"显才能"，当然这其中有各个方面的原因。其中最重要的一个原因就是性格缺陷影响领导者的才能。性格上的缺陷导致这部分领导者在管理中不能够很好地和员工达成共识，在一定程度上影响了和员工的交流。由此可见，领导者的性格对其领导才能的发挥有着很大的影响，从某种程度上来说，甚至能够影响领导者的未来。

[性格缺陷影响领导才能]

如果领导者意志软弱、怯懦自卑，势必会影响其创造力。这种性格特点是性格结构中意志特征的一种表现。很多例子证明，事业的成功和意志的坚强是有很大关系的，而众多成功者的例子也表明了若想成功就必须要有坚强的性格。正如爱迪生通过千百次的失败才发明了电灯，为人类历史写下了重重一笔。张海迪身残志坚，却在学术方面取得了正常人都难以取得的成绩。这些成就的取得和他们坚强的性格是分不开的。面对各种各样的活动，领导工作的复杂性和重要性就更加需要领导者具有坚强的性格，软弱则会产生消极的影响。

有些领导者有足够的工作才能和工作热情，但是由于他们意志的软弱和性格的怯懦自卑，导致他们的才华得不到充分发挥，而创造力也会因为性格的缺陷受到影响。领导工作是一份有难度的工作，会遇到数不清的困难，这就需要发挥人们的创造性。领导者若是没有坚强的性格和坚定的意志，就没有自信心去处理好各种矛盾。意志软弱只会让领导者在困难面前胆怯，从而难以实现高远的目标。

拘谨多疑虑，做起事情来瞻前顾后也会影响领导者的决断力。这种情况也是性格结构中态度特征的一种表现。领导者的一项重要职能就是决策，领导决策需要领导者具备一定的决断力。如果一个领导者总是多虑、拘谨，做起事情来总是瞻前顾后，必然会在需要大胆决断的时候失去勇气。这种性格方面的缺陷会影响领导者对目标的选择，同时影响领导者对一个目标的完成。拘谨多虑则会导致人总是犹豫不定，不能够果断地处理问题，导致错失良机，给整体带来损失。

影响领导者用人能力的主要表现是心胸狭隘、固执己见，这也是智力特征的一种表现。领导者的又一项重要职能就是选才用人。这实际上也是领导者借用他人的力量使自己的智力得到延伸、能力得到延长的过程。心胸狭隘的人，总是担心别人会超越自己，危及自己的地位和声誉，因而会对别人的成绩耿耿于怀。这种领导者会用自己习惯的思维方法和行为方式去评判对象，把某一方面的缺点人为地扩大，造成选才标准的提高。同时，有些领导嫉贤妒能，宁愿用能力十分平庸的人，造成实际用人标准的降低。因此，在实际工作中，一些有能力的领导者总是因为这种原因失去应有的影响力。

从领导者管理能力的角度出发，若是其性格缺陷中带有办事懈怠、拖沓懒散的特点那么影响将会是十分消极的。效率的高低直接影响到领导效能的大小。一个领导者，尽管十分具有管理能力，但是如果他拖沓懒散、办事总是懈怠的话，久而久之，不但自己的工作作风拖沓，还会造成下属工作作风的懒散。因此，即便他的管理能力很强，也不可能充分地发挥出来，更不可能将这种能力转化成领导效能。这种性格只会让领导工作变得越发停滞和效率低下，若是此人身处要职，定会影响企业发展。

影响领导者组织协调能力的主要表现是自制力薄弱、心绪不定，这是情绪特征的性格表现。在一个团体中，团体目标的实现要通过领导者对团体成员的组织和协调。要是领导者的自制能力十分差，情绪容易波动，就会影响团体的发展，还会影响到个体成员的积极性。当领导者面对一个成员的成功或者过失而不能够控制自己的情绪时，必然会给成员造成消极的影响。

心理小贴士

　　性格是环境的产物。不同的生活氛围、成长背景等都会决定性格的不同。若是想要充分发挥领导才能，就要求领导者在性格上自觉地进行自我调适，同时学会塑造时代所需要的优良性格。将不良的性格向优良的性格方面转变，这样对整体发展才会有所帮助。

威信不是一天两天就能得来的，威信是领导的道德、文化修养以及能力水平的长期沉淀，同时能够得到群众的默许。威信的树立是不能以牺牲别人的利益为代价而刻意追求的。威信能够代表一个好的领导者的丰富内涵，有威信的领导者自然会受到大家的拥戴。没有威信的领导者会成为毫无尊严的傀儡。威信是领导者的象征，是领导者最基本的构成因素。

树立管理者威信

威信是领导干部开展工作时必须具备的一种内在力量，领导者要享有很高的威信就一定要有坚实的群众基础，这样开展工作就会十分顺利，甚至产生一呼百应的效果。反之，威信不高的领导干部，在开展工作时就会如同逆水行舟，不时遇到阻力与压力。从一定程度上讲，领导工作本身就是一个发挥自身威信，从而产生力量的工作。所谓领导艺术，就是指不断提高自身威信的艺术，一个不善于树立威信的领导是很难得到群众认可的，同时也很难创造出优良的业绩。对于领导者来说，威信就是生命。

[威信让领导在团队工作中取胜]

明智的领导懂得珍惜在群众中的威信，他们十分注重和群众、员工之间的密切联系。他们同样注重树立良好的自身形象，让自己拥有高尚的人格力量，从而形成独特的领导风格。在这些优秀的领导者中，有的乐于律己；有的雷厉风行，作风强硬；有的公私分明、勤恳扎实。凡此种种，都说明威信的树立有不同的方式和方法，但是通常情况下，必不可少的一点就是说一不二。

然而，实际中却总有少数的领导干部盲目追求"说一不二"的领导做派，甚至是为了树立个人威信，滥用职权，只是为了显威风。结果往往是适得其反的，甚至会在群众面前失去威信。有的领导干部不能以正确的态度对待既定的错误决策，明明知道此种做法是不可行的，但是碍于个人面子，没有勇气说出收回的话，也没有胆量正视自己决策的失误，只能固执地照原计划执行下去。结果是可想而知的，用这种方法树立起来的威信就变了质，同时也是为人所不屑的。

威信能够让领导者在团队工作中取胜，只有树立了领导者的权威，才会得到员工的赞赏和尊敬。威信源于领导者自身的实力，要做一个有威信的领导者，首先要加强自身的修养，用信心、魄力、能力和亲和力来打造令人信服的实力。有威信的领导者一定有卓越的人格魅力，在他的身后一定有很多支持者和跟随者，他也一定能获得员工的拥戴。

在领导者和员工之间有等级之分，有地位之分，但是却没有贵贱之分，领导者不可以贸然说出伤害他人自尊的话。在同职员谈话的时候，语气是非常重要的。同一句话，若是表达的过于激烈，就会伤害到对方的自尊心。领导如果经常有意无意地伤害到员工的自尊心，必然会产生许多不良的影响，同时还会引起员工们的强烈抗拒和反感情绪，进而会影响到企业的发展。员工的自尊心一旦被伤害，再想恢复到原来的相互尊重的上下级关系便十分困难了，员工自己必然不会忘记他所受到的侮辱。若是领导不能够做出妥善的处理，便会为日后的工作埋下隐患。

[树立威信非一朝之力]

企业的经营效益，在很大程度上都取决于管理人员的能力，管理者是企业的核心，是否拥有一支好的管理者团队，是企业兴衰成败的关键。作为管理者，由于其身在其位，自然会拥有权力，自然就可以调动部署员工们听从他的意志和指挥。但是这样并不意味着就会有威信，而有威信的领导者，同其所拥有的权力相结合，就会树立真正的权威。这样，其权力才可以得到更加充分有效地运用。权力是威信的前提，而威信是权威的内在灵魂。若想树立良好的威信，管理者要考虑到方方面面的因素。

威信从来不是吼出来的，而是关心出来的。一个真正懂得如何关心员工的管理者才能够拥有权威的内在灵魂，才能够树立威信。一个管理者去银行网点巡视的时候，发现看不到员工的杯子，这个时候他找到了原因，就问员工为何不喝水。员工们告诉他因为厕所远，加上银行业务繁忙，怕岗位上没有人，又怕出错误，所以不敢喝水。有这样的员工其实是企业的福气，但是作为管理者，看到员工的任劳任怨、坚守岗位，就应该善于发现他们的困难，并且帮助他们解决困难。只有这样，才能够让员工拥有长久的激情为企业工作。这对管理者威信的树立有很大的帮助。

有家企业领导者想到员工的家庭状况和压力，就自主成立了员工助学基金，帮助减轻员工子女上大学给家庭带来的经济压力。同时，公司的领导班子都拿出三个月的绩效奖金，帮助员工子女上大学。这项基金建立之后，不仅激发了员工的积极性，同时也解决了员工的困难。而公司上下自然会同心协力，让企业拥有统一的发展道路和方向，管理者的工作自然会得到支持。这对管理者威信的树立是非常有利的帮助。

威信的树立与管理者的能力是紧密相关的。一个管理者需要具备全面的知识结构，而决定他威信高低的一个重要评判标准就是能力，能力强的人就会自然树立相应的威信，而能力弱的人自然威信也不高。管理能力强的领导，能够将企业管理得井井有条，能够通过制度来约束员工，同时用真情感化员工，用激情感染员工。要考虑到员工的自身状况，能够帮助员工解决困难。

心理小贴士

一个企业能够做到统一，就说明员工能够服从管理者，并且能够全心全意地为企业服务，这样管理者的威信也能够得到很好的树立。威信就是领导者的生命，是领导者管理员工的重要手段。威信并不是一朝一夕就能够树立的，需要一个长久的过程。在这个过程中，领导者要注意和员工相处过程中自身素质和能力的提高。只有树立了良好的威信，管理工作才能顺利开展。

在市场经济下，人才是首要的生产要素，没有健康完善的人才市场，就不可能形成健康完善的市场经济。人才是一种特殊的生产要素，人才的流动不仅会受到价值规律的调节还会受到很多非价值因素的限制。人才流动中出现一种力在支配，这种力是一种吸引力，也叫做心理比差。

培养管理者吸引力

心理比差，意思就是两个单位在满足同一个员工心理欲望上的差距。每个人身上都具备心理比差的特点，但是每个人都有不同的特点。每个人都具备一定的心理比差的承受力，这也是为什么有的人可以安于现状，而有的人却会因为心理上的落差而辗转到别的地方。当然，每个人的承受力都是有一定限度的，有的人会大一些，有的人会小一些，一旦心理比差超越了个人所能够承受的限度，就会有不同的差异。这也是为什么公司和企业里会出现人才流动的原因。

[心理比差影响人才流失]

每个人的心理比差都是有区别的，每个人的价值观念也是有差别的。人们对自己在社会中的价值会有一个主观的判断，由于各种因素的影响，当个人的期望值通常不能够完全实现的时候，个人价值观就会产生变化。心理比差也会发生改变，于是就会造成人才的流动。

社会上人才流失的原因有很多，主要为以下几方面的原因。当人们的自身价值的实现与潜力的发挥受到阻碍时，人们就会感到个性受到压抑，自身的潜力难以得到发挥，于是就会产生一种更能使自身价值和潜力得到发挥的念头。人们会追求较高的工资收入和福利待遇，也许同样的付出将会在外单位获得更高的收入和福利待遇，于是就会选择去追求个人最大的经济利益。还有，追求宽松的发展天地，感到现有工作中的小环境无法满足自己，同时涌出奋进的心理。

有的人业务能力很强，但是工作中人际关系过于复杂，常常会出现人际关系不和谐的状况，影响工作热情的发挥。或者是刚上任的新人总是会先得到重视和重用，然而最后发现现实与自己的想象相差过大，于是就会产生改变自身环境的念头。这些因素都是造成人才流失的原因，跟心理比差有很大的联系。都是现有的情况不能够满足个人的欲望，于是就出现了转变环境改变状况的念头。在一定程度上，这些因素也为公司和企业带来了相应的损失。若是企业人才流失过大，该企业就应该考虑是否是自身原因，同时加以改进，以免因人才流失造成人才缺乏。

除此之外，在分析人才流动时，心理比差有很大的影响。与心理比差相关的因素还有组织因素。企业员工对现在的工作满意程度可以称之为保健因素，包括组织的薪酬福利制度和奖励政策，还有人际关系、工作条件等等。而激励因素包括工作挑战性、责任、成就等等。若是一个组织同时具备相应的激励因素和保健因素，员工的心理比差就会得到很大的满足，在生活和工作方面就不会有负面的情绪，一般不会出现人才流失的情况。当一个组织既缺乏保健因素，又缺乏激励因素时，员工的心理比差自然得不到满足，人才流失的可能性就非常大。

[企业需要满足人才心理比差]

人才流动是社会的必然趋势，市场经济也需要人才流动才能实现队伍的整体优化，也只有打破人才的部门所有，才能最大限度地发挥人才的经济效益和社会效益。而对于企业来说，科研和管理人才入不敷出，就属于人才流失的问题。因此，心理比差在一定程度上对于稳定职工队伍、实现单位目标等有着很大的影响。尤其是一些高级技术人才和管理人才的流失，在一定程度上会给企业带来消极的影响。企业若是想留住人才，就要根据职工的心理比差的特点进行相应地改变。

企业要支出大量的培训费用补充人才流失所造成的空缺，同时弥补人才流失所造成的各种损失。对员工加强思想政治教育，帮助职工树立正确的世界观、人生观、价值观，消除市场经济带来的负面影响，从而树立热爱本职、立足岗位的思想。人才同产品一样是有一定的生命周期的，每个阶段都会有相应的特殊性，针对不同阶段的特点，可以采取相应的培养措施。首先给予职工工作上的肯定，同时适度给予其接受继续教育的机会，只有这样才能不断满足职工的心理比差，让其能够安定地立足于本岗位。

为员工创造良好的工作环境，环境的优劣将关系到职工的心情和为公司奋斗的决心。只有营造了良好的工作环境，才会让人才致力于实现企业的整体目标，同时为了企业的成功而努力。从管理上讲，管理不是控制，而是服务。管理者工作的实质是确定企业的发展方向，同时给人才提供完成工作所需要的资源。只有这样，才能满足人才的心理比差，同时能够达到人才不会随意流动的局面。

企业需要对职工的婚姻、家庭、住房、食宿等方面给予相应的关心，激发其工作的积极性和创造性。这样就能够起到满足职工心理比差的作用，同时能够激发员工竭尽全力为企业服务的思想。加强企业的文化建设，优秀的企业文化将会产生一种振奋精神，能够创造开拓进取的良好风气。

微软公司使得很多员工一跃成为百万富翁，但是这些人在获得经济上的独立之后还是每天为微软从事要求苛刻的工作，每周的工作时间达到六十个小时。其原因就是微软是一个情深似海的大家庭，这个家庭中的成员都有一种特殊的使命感和归属感，从而在一定程度上深化了工作的意义，同时也为生活增添了新的价值。所以，人才都想去微软工作，微软的人才流失是非常少的，其根本原因就是它的企业管理和文化内涵都满足了职工的心理比差。

心理小贴士

企业要激发人才主体的内在动力，使人才不断增值，当然，这其中就要求企业要完善工作规范、奖酬晋升政策等等，做到职责明晰、奖惩分明，这样才能够让员工发挥出最大的潜力，在为企业创造出利益的同时也能够实现自身价值。同时，也能够满足人才的心理比差，人才流失的状况将会在很大程度上减少。

马斯洛是美国著名的社会心理学家、人格理论家和比较心理学家。他的需要层次理论和自我实现理论是人体主义心理学的重要理论，对心理学尤其是管理心理学有重要影响。马斯洛认为，人是一种有欲求的动物，员工会不停地追求各种目标，当某种需求达到满足之后，员工又会有其他的需求，继续寻找其他新的目标。

优秀的管理者善于满足员工心理

马斯洛将人的需求从较低的层次到较高的层次，依次分为生理需求、安全需求、社交需求、尊重需求和自我实现需求五类。这五类基本上涵盖了员工各方面的需求，同时也包括了职场人士在面对职业时的各种需求。只有了解了员工们的不同需求，才能够更好地实现新的目标。企业中也是如此，满足员工的需求，就是满足企业的需求。

[员工需求特点分析]

生理需求是人类维持自身生存权利的最基本要求。这些要求包括各方面的需求，包括衣食住行等方面。如果这些需求得不到满足，那么员工的生存就会出现问题。生理需求是推动员工行动的最强大的动力。也就是说，只有把这些最基本的需求满足之后，其他的需求才能成为新的激励因素。

同样，安全上的需求也是必不可少的。这包括人类对自身的人身安全、生活稳定以及免受痛苦、疾病等方面的需求。而感情上的需求包括两个方面的内容，一方面是友爱的需求，也就是每个人都需要伙伴之间、同事之间那种融洽的关系。人人都希望能够得到爱情，希望爱别人。另一方面是归属的需求，也就是说每个人都有一种归属于一个群体的感情，希望自己能够成为群体中的一员。

　　人人都希望能够有稳定的社会地位，希望个人的能力和成就能够得到社会的承认。因此，尊重需求就十分有必要。尊重需求包括内部尊重和外部尊重，内部尊重主要是指一个人希望能够在生活的情景中拥有实力、充满信心、能够独立自主，能够得到自尊和尊重。而外部尊重主要是指一个人希望有地位、有威信，能够受到周围人的尊重和好评。如果尊重需求得到满足，就可以让人对自己充满信心，同时对社会充满热情。

　　而对于人类最高层次的需求来说，自我实现的需求是极为重要的。自我实现主要是指实现个人的理想、抱负、发挥个人能力到最大的程度。换言之，就是人必须要干适合自己的工作，这样才能使个人价值得到最大的发挥，才能让自己得到最大的快乐。所谓自我实现的需求，就是通过自己的努力实现自己的价值，使自己越来越接近自己所期望的人物。

　　任何一个人都会有不同层次的需求，在满足了最基本的生存需求之后，人就会有追求更高层次的需求。自己的需求也是他人的需求，要想得到他人的尊重，最重要的就是做到尊重他人，人既需要他人的热心帮助，又要热心帮助他人。员工个性化的需要和共性需要，在不同的阶段是不同的。作为领导必须明白员工的普遍需要，明白员工在什么时候最需要什么。只有把这些弄明白了，才能够对症下药，处理好员工需求无限和企业资源有限之间的矛盾。

[领导要适当满足员工需求]

　　员工都需要一个舞台来展示自己的才能，这个舞台能够使员工的知识发挥作用，能够体现出员工的能力和智慧，这样员工就会有一种成就感。针对员工的不同需求以及同一人在不同时期的不同需求，如果企业能够满足员工但是却没有满足，这就会对员工的心理上造成伤害，然而本不能满足却满足了，又是竭泽而渔的表现。结果使企业蒙上负担，同时也会背负了企业员工无限的心理预测，那么此种企业的发展是不会长久的。

　　因此，满足员工的不同需要涉及管理者对员工心理的把握，同时也涉及管理艺术和技巧，也是考核每一位组织负责人管理能力和领导艺术的最基本的能力指数。

　　领导在面临员工的种种期望要求时，不要轻易许诺。一旦吊起员工的胃口，到头来却无法兑现，将会失信于员工，同时也不要过多地限制什么，否则会造成矛盾的激化。对原来明显不合理的要求可以去掉而不要轻易改动。对于新任领导来说，无论自己有多么大的能力，在整个组织中都是处于弱势地位。所以新任的领导不要轻易改动组织规则和制度，而应该等到了解了全面的情况之后，再根据员工的需求做相应的改动。

　　当领导和企业成员之间相互有了一定的认识和了解之后，员工也大致了解了领导的思路，领导也对原来的组织规则和人员状况有了大致的了解，这个时候，领导可以设立新的规矩，缩小员工的胃口。同时在降低了员工需求的预期条件之后，可以暗中给员工提高待遇，满足员工的部分需求。但在满足员工需求时要注意：说到不如做到，要少说多做，即使做了也不要形成惯例，要给员工一种感觉，这种满足只是随机的。

　　而对于老领导来说，此时的地位也意味着将要进行下一轮的兴替。领导在此时若是不能够否定自己，超越自己，那么企业就很难有飞跃。一个领导毕竟有自己的局限，此时的领导要按部就班地进行，同时在制度允许的范围内尽量满足员工的需求。这个时候，将原来亏欠员工的还给员工。因为，员工与领导一同经受了改革调整，为了企业的生存也付出了很多，应该得到他应得的部分。否则，企业将会出现问题。

心理小贴士

　　也许有人会说，在前期就应该满足员工的需求，不必等到后期再给。回答是不行！前期给了员工，等于提高了员工的心理预期，到后期他就总会觉得他应该得到的那一份少了，心理会出现不平衡。而这样的心理在工作中就有可能出现问题。就算是把员工应该得到的作为预期提前说了，结果也不见得好。所以，满足员工心理，要注重方式。

对于中国的经理人来说，如何激励下属始终是让他们感到困惑的问题。一个好的正规的企业需要对人员进行从上到下的人力资源培训，特别是对激励技巧的培训。越是高层的管理人员，越要懂得如何运用竞争激励下属。经理人要想方设法激发下属的潜能，提高工作业绩。激励的第一步就是要学会以人为本，需要将一切规则制度化，同时给予员工参与制度设计的机会。

建立完善的奖励机制

企业想要留住人才，必须重视精神激励，激励机制需要一整套的配套制度来支持。但是每个企业的激励机制都不会是完全一样的，因为每个行业的发展背景、发展阶段、发展战略和公司文化都是不同的，别人的制度并不一定适合自己。所以，企业一定要根据自身的情况设计自己的激励机制。处于困难时期的企业不要认为竞争激励机制的建立排不上日程，经营状况好的企业也不能认为自身已经不需要创建竞争激励机制了。任何事物都是在不断变化的，所谓生于忧患死于安乐，也是这个道理。

[竞争激励员工工作热情]

日本的松下公司十分注重引进竞争激励机制，该公司每个季度都要召开一次各个部门经理参加的讨论会，以便能够更好地了解彼此的经营成果。在开会之前，公司总负责人会将所有部门按照完成任务的情况从高到低分别化为ABCD四个级。在会上，A部门会因为业绩高而先获得报告的机会，随后依此类推。这样在无形中就利用了员工争强好胜的心理，于是每个部门都不甘落后，争取下一次能够获得优先的机会。而松下公司的业绩也因此上升飞速。

有的中低层经理人会抱怨说："我一没有给下属提职晋升的职权，二没有给下属加薪的钱，所以，我该如何用竞争激励下属？光靠耍嘴皮子怎么能行？"在一部分经理人仍然抱着传统的激励手段不放手时，一些有作为的经理人却已经在实践的过程中，创造性地总结了不少行之有效的竞争激励方法。

员工需要得到企业管理者的不断认可，当员工完成了某项任务时，最需要的就是得到上司对其工作的认可。但是上司的认可是一个秘密武器，需要在最适当的时候拿出来。如果用的太多，就会让员工安于现状，不会再有动力去竞争，其价值也会大打折扣。但是如果只是在某些特殊场合或稍有成就时使用，价值就会大不一样。同时也会让员工更加具备竞争意识，争取下次同样能够获得认可。

企业在适当的时候为工作成绩突出的员工颁发荣誉称号，这在很大程度上会更加激励员工努力工作，让员工知道自己是出类拔萃的，更能激发他们的竞争意识，从而也能够影响周围的员工。员工感觉自己能够被重视是决定其士气的重要因素，管理人在使用各种工作头衔的时候，要有创意，可以考虑让员工自己提出建议。这也是在成就一种荣誉感，从而激发员工产生积极的态度，这是竞争和成功的关键。同时也激励企业员工能够更加热情地参与竞争，为企业增添活力。

[竞争激励让企业充满活力]

闻名世界的麦当劳联锁公司每年都会在最繁忙的季节进行全明星大赛。这种比赛要求，每个店要选出自己店中表现最突出的职员参加比赛。麦当劳员工的工作站大约分成十几个，要在这些工作站中挑选出其中的10个。而每个第一名将参加区域比赛，然后再参加公司的比赛。整个比赛程序都是严格按照麦当劳每个岗位的工作成绩来评定的，而裁判是公司中最资深的管理成员。

在竞赛期间，员工们都是早出晚归，积极地进行训练。因为如果能够在全明星大赛中脱颖而出，将会对个人职业生涯有很大的帮助，同时也会奠定个人今后职业发展的基础。到了发奖的那一天，公司中的最重要的管理人员都会参加颁奖大会，所有的店长都期盼赢者是自己店里的员工。很多员工得到这个奖励之后，都会非常激动，从而在今后的工作中更加努力。而其他员工也会迎头赶上，争取有机会参加下次比赛。

授权员工领导角色，通过酬劳的形式来表现，这种方式不仅可以有效地激发员工的竞争意识，还有助于识别未来的备选人才。让员工来主持简短的会议，通过组织培训会议发挥员工的能力，让其中一个员工来领导培训。同时让某些员工领导一个方案小组来改善内部程序，这些都是非常有效的方法，能够让员工自主地参与竞争，同时也让企业充满竞争的气息。

授权是一种十分有效的竞争激励方式，授权可以让下属感到自己受到重视和尊重，同时感到自己担当大任，感到自己是与众不同的，觉得自己受到了上司的偏爱和重用。这种心理会激发员工潜在的能力，同时也会激发员工强烈的竞争意识，甚至会为企业赴汤蹈火也在所不辞。

企业可以实行争取休假时间的竞赛。也许为了争取半个小时或者一个小时的休息，员工会像争取现金的奖励一样努力工作。在很多情况下，当员工面临着选择现金和休假的奖励时，他们都会选择休假。若是对员工进行休假的奖励，自然会引起竞争激励，同时会让员工更加努力地为公司工作。休假是一种很好的竞争激励方式，能够激励员工为了争取休假而提高工作效率。

企业定期组织内部的主题竞赛不但可以促进员工绩效的提高，更重要的是为竞争提供一种有利的环境，对于减少员工的人事变动效果非常明显。可以将周年纪念日、运动会、文化节等作为一些竞赛主题，还可以将人生价值的探讨、价值创新等作为主题。这样定期的聚会会给员工带来快乐和团队的感觉，更重要的是激励了员工的斗志，也可以创造出一些主题竞赛，在无形中培养员工的竞争意识。

心理小贴士

榜样在企业管理中是一个重要的武器。榜样的力量是无穷的，树立榜样可以促进全体职员的积极性，虽然此种方法略显陈旧，但是可以树立员工的竞争意识，对员工来说也还是一种观念有效的竞争激励方式。员工中优秀的榜样能够起到改善群体的工作风气的作用，树立榜样的方法很多，可以使用日榜、周榜、单项榜样等各种方式。

企业都是生存在环境中的，环境中会有很多突发的因素影响甚至干扰企业的正常运营。这些因素也构成了企业经营过程中的风险因素。尤其是在纷杂的竞争中，企业面对着众多的风险。有的企业能在竞争中取胜，而有的企业却在竞争中遭到失败。成功当然是可喜的，但是失败未必是可悲的，重要的是从失败中吸取经验和教训。

危机能增强员工凝聚力

当遭遇了失败而陷入困境时，企业要勇敢而坦然地承受失败，并且认清失败的原因，将失败作为难得的经验和宝贵的教训。同时，用危机激励下属，使企业上下万众一心，共同奋斗，帮助企业渡过难关。

[危机激励帮企业渡过难关]

二十多年前，世界上连续发生三起波音飞机空难事件，这使波音公司备受打击，很多好事者借机对波音飞机的结构提出了质疑。当时，波音公司正在与欧洲一家公司争夺一笔日本的大生意。由于双方飞机在先进性和可靠性方面的差别不是很大，所以，日本方面在挑选合作对象时十分犹豫。而这时，波音飞机的事故就让很多人觉得，日本客户应该会选择另外一家飞机公司。

面对着这样不利的局面，波音公司并没有放弃。波音公司从上到下对员工进行了危机激励。管理人员告诉员工近些日子以来发生的状况，同时对波音日后的发展进行了预测，让员工树立危机意识。于是波音公司从上到下都开始努力工作，员工们积极为公司各方面的运作出谋划策，并且积极联系各方面的客户进行合作并寻求支持。他们为了解除日方的疑虑，不但继续实行货真价实的推销战术，同时还提出各方面的优惠政策，包括零配件的供应、飞机的保养以及机组人员培训等多方面的优惠条件，从而引起日方的兴趣。

同时，员工们积极为日方提供便利，一直跟日方保持着密切的联系。而波音的科研人员更是在公司的危机激励下，涌出和日方合作建造一种新型客机的想法。波音公司的这些措施赢得了日本企业界的好感，他们认为波音公司的工作氛围很好，而且员工都非常团结和努力。最终，日方选择了波音公司作为其合作伙伴。于是在空难事件过去五个月之后，波音公司终于和日方达成共识，成交大笔金额的生意。

对于企业来讲，危机可以转化成企业发展的动力，有些时候风险越大，所获得的收益就会越高。企业不能因为惧怕挫折和困难而错失良机，也不能因为有了危机就惊慌失措，从而扰乱人心，让公司全体员工都处在惶惑不安中。企业面临危机时，管理人员就要采取置之死地而后生的危机激励法。所谓危机激励法，就是在企业所面临的环境或对手的力量危及自身的生存时，采用"不死即生"的方法来激励员工。

[危机激励员工团结一致]

当企业面临危机的时候，必须将目前的危机状况告诉全体员工，其目的在于使员工有大难临头的危机感。必须要有不战即亡的观念，这样就会断绝员工的侥幸心理。企业要激发员工的情绪，使员工无所畏惧，同时也便于使大家齐心协力，发挥出平时所没有的潜力。同时，企业要寻找解除危机的突破口，将力量都集中在这个地方，让全体员工都能够一鼓作气，共同突破难关。

企业也有其生长周期，在这期间，成熟期的企业员工可能会觉得企业非常不错，可以与企业一同共富贵，但是却不能和企业共患难。当企业遇到危机的时候，遇到生死存亡的时候，恐怕就会遇到难关。由此可见，对员工的危机激励是十分必要的。企业越大，危机感也应该越大，做企业是没有回头路的，很多企业都忽视了这一点，只是考虑企业的成长，并不考虑企业的危机。

试想，若是企业的一切运作都在平稳中进行，任何事情都是平淡无奇的，那么员工的工作也就不需要，更谈不上什么积极性和创造性了。这个时候，管理者可以适当地运用危机手段，让员工"活跃"起来。事实上，员工总是在承受着危机的时候才能够获得巨大成功。通过激发员工的危机意识，得到新的思路和方法，这对管理者来说，是一个很好的方法。

"危机激励"犹如人在森林中遭到猛兽的追赶，这个人必须要以超出平日百倍的速度向前奔跑，对他来说，若是落后就会是死的危险，而只有向前才会是生的机会。企业中的危机是一种压力，将会促使人们利用他们全部的积极性和创造性解决管理者交给他们的问题，而且随着处理复杂事物能力的提高，会给他带来更多的自信和鞭策。管理者如果想有效地鞭策员工，最好的方式之一就是给予其危机感，激起他们的勇气。

对于赋有冒险精神的人来说，危机就是挑战，是一种强有力的激励力量。他们会认为，管理者所给予的危机是对自己能力的承认和最高的褒奖，让自己有英雄用武之地。因为克服危机常常需要员工有较高的能力和技巧，但是对于那些固步自封的人来说，危机将会提醒他们，原地踏步只能被击垮。

尽管危机激励会让员工觉得工作变得灵活起来，但是并非所有的员工都愿意面对危机。有很多人是试图逃避危机的，特别是对能力相对较差的员工而言，危机就是一朵带刺的玫瑰，常常让他们感到自己的无助和无能。由此可见，管理者在运用危机激励的时候就要考虑到这些员工的心理，即使他们迎战危机失败了，也要鼓励他们不要自暴自弃。明智的管理者都不应当对员工有太多的渴求，而会给予他们最需要的、最好的安慰和鼓励，并且帮助这些员工正确地面对危机，帮助他们认识和公开谈论他们所害怕和畏惧的东西。

心理小贴士

管理者要学会在员工中激励士气，让大家都能够团结一心，共同渡过难关，共同帮助企业。企业是第二个家，员工是跟企业有感情的，是愿意和企业共同成长的。危机激励能够帮助企业管理者从员工的表现中发现具有优秀才能的人，同时也能够增加企业的凝聚力，帮助企业成长壮大，创造良好的工作氛围。

　　人才是企业的基础，随着社会的发展，越来越多的企业开始出现人才缺乏的问题，在职人员不是能力不够，就是心气浮躁，做不到忠诚与负责，使得企业人才流失十分严重，人才的缺乏成了社会企业急需又害怕面对的问题。老板们认为：根源于职工素质太差，以致朽木难雕以及职业经理人员浮躁。心理学家通过调查研究发现：缺乏人才的重要原因在于管理的疏忽，很多企业管理制度没有做到深抓人心，不懂得管理人心的企业又怎么可能留住人才？

完善企业管理制度

　　老板是企业的命脉，他运用自己非凡的直觉、眼力和远见制定了正确的企业战略，并且凭着自己的艰苦奋斗、坚忍不拔的精神全力以赴，鼓舞着员工不畏艰难，不怕吃苦。但是随着企业的扩大，老板开始疏远员工，成为员工心中高高在上的上帝。于是，员工开始变得散漫、懒惰、没有进取心，而且为一点小事也会抱怨不断，跟老板出生入死打拼的高层高管人员也开始浮躁，甚至离开公司另起炉灶。

[管理人才重在管理人心]

　　面对人才缺失，企业发展受到阻碍甚至基业飘摇时，老板们却仍不惊醒，还在抱怨员工的不足，看到公司一盘散沙时更是变本加厉，将自己的压力施加于内部员工身上，使得员工产生一种负面心理。这样即使老板再有雄才大略，也难以托起擎天之重任，于是老板开始英雄气短，开始脾气暴躁，开始抱怨连连，甚至产生自杀心理。

　　老板能够在企业起步时懂得管理人心，为何在公司壮大起来后就忽视这种管理呢？一般知名企业能够持续发展，皆因为老板不骄不躁，心态平和，把得失看得极为平淡，懂得尊重成果，懂得爱护公司人员，懂得软硬兼施顾大局，轻重缓急护人心。

从心理学的角度分析，这种现象叫做巴纳姆效应，说的就是人的心理很容易受到他人的引导，即使这种引导是错误的，当所有的人都向着这个方向走时，自己也会在不知不觉中朝着这个方向走。很多老板都不相信自己会跟随企业员工的心理走，认为自己的心理是靠自己把握的，殊不知在自己抱怨、大声吼骂员工时，这种负面心理就已经产生了。它会形成一种恶性食物连，在相互的猜疑与竞争中，如果不能找出合理的管理方针，"大象"迟早会被不起眼的"老鼠"暗杀。

企业人才流失是因为管理有误，一个好的管理方案能够让内部员工有一个平和的心态，当所有的员工都满意这种工作环境，对内部的管理心服口服时，抱怨与不平之心也会随风而逝，从而稳定了内部人才。当一个新的员工来到自己公司时，看到绝大多数人都埋头苦干，没有一个人愿意离开公司，新进人员就会感觉到公司的温暖与那种进取之心，试问，谁还愿意离开公司？

管人重于才，理人在于心，管理是一种学问，同时也是一种心理指导，常听人说"用人要用才，抓人要抓心。"在企业刚刚起步的时候，老板重视自己身边的每一位人才，并且视为知己，从来没有把自己当作他们的上帝，跟员工同甘共苦，员工又岂不懂这份良苦用心。老板视自己为家人，员工又怎能不视企业为自己的事业。当一个人有了这样的动力时，何愁公司不发展，何怕公司员工不忠诚？

[保才护心，忧外必先安内]

据调查，很多企业都有人才严重不足的现象，现有人才能力不够，外来人才流失严重。面对这些问题，老板抱怨员工素质低，有的甚至于辱骂员工有才无德，中庸无能，朽木难雕，视自己为受害者。其实这也是很多企业为什么招不到人，或者是招到的人也很快流失的重要原因。

心理学家通过对实力雄厚的知名企业与普通的企业和濒临绝境的企业管理做出了总结，发现知名企业从不缺人才，一般员工都十分稳定，离职或者无故辞职的员工特别少。普通企业人才流动量大，外来人员流失严重，但是还能稳定发展。濒临绝境的企业根本就没有人才，即使通过哄骗得到了少数人才也会很快流失，使得企业更加危险。

老板忧患人才不忠，企业濒临危机之时，看到内部人员浮躁不稳，不但不懂得忧外必先安内的道理，反而对企业内部的员工不管不问不理。三不政策更让员工怒火攻心，上至高层管理人员，下至普通员工，不服者，埋怨者，悲观失望者，相互影响，相互埋怨。心理的那种负面情绪全部体现了出来，一旦达到极点，将如同火山爆发，企业岂有不倒闭之理？

一个好的管理者能够保持业务正常、高效、稳定运营人才，不管老板的行为属于怎样的灵活风格，企业都能够保持基础业务运营的稳定性，这些人才不仅熟懂业务，为老板守住后方，而且更善于出谋划策，在具备很强的实践能力的同时还能随机应变，执着于目标帮助老板梦想成真。

孔子不仅是一代教育家，更是一位深懂人心的心理学家，以仁来攻心，明智之举。其实治国安邦与管理企业如出一辙，管理人才就是施以仁政，"仁"并不是退让，不是庇佑员工负面之心，更不是助长不正之风。

把管理当成明镜，常以镜正衣冠，镜者人心也。给员工一个明镜，将好与坏全部呈现出来，轻重有理，奖罚有度，工作有序，使每一位员工都口服心服，安有背叛不忠之心。孔子曰：吾曰三省吾身。一个心境放空的人，心灵才会时刻保持清洁光明。如果老板将自己的心放空，拿自己当普通员工来看待，以外来人的心来管理公司，将公司持续发展作为前提来管理人心，使得所有员工都团结向前发展，那么企业必定会蓝天晴空万里，香花绿草一片。

心理小贴士

优秀的人才懂得择良木而息，公司想要留住人才就必需给能人一个好的发展空间，俗话说："一个巴掌拍不响"，争吵、抱怨是任何人都不想看到的，和谐、团结、稳定才是企业经营策略。管人意在管心，忧外必先安内。作为高层管理人员在埋怨外来人才的不忠时何不把精力放于自我的反省中，调整好自己的心态，稳定住自己的情绪，找到自己企业的管理失误，给企业人员一个稳定的发展空间，优秀人才自然不请自来。

心理学力量，
助你走向成功

———— • ————

10

　　你知道成功者的秘诀吗？成功的关键就在于你有没有决定现在要。只要你现在要，一定要，就一定会有方法的。只要你相信你能，你一定做得到。所有的事情和目标，只要你有很强的欲望，你都可以实现。在通往成功的道路上，心理会起到神奇的作用，它会使你的情绪稳定，意志坚定，心态平衡，信念坚强，潜能得到开发，效能得到提高。人们往往能在神奇心理力量的作用下，获得巨大的动力和力量，从而变得强大、无所不能！

从心理学的角度分析，成功者都有很强的企图心，海伦•凯勒曾说："一个人，如果有了高飞的冲动，就绝不会甘于在地上爬。"所以要成功就必须先有强烈的成功欲望，有了强烈的成功欲你才会有前进的动力，也必将会因这份动机而躬耕未来，从而一飞冲天，获得成功！

激发你对成功的最大欲望

[欲望——成功的发动机]

伟人之所以超出常人，是因为他们的强烈欲望超凡脱俗。埃古曾经说过："我们到底可以成为一个怎样的人，这取决于我们自己。"控制人的冲动和行动力的力量就是欲望，一旦确定了目标，为了将这份欲望实现，就会坚持不懈的努力完成它，遇到挫折时，也会努力想办法解决，直到将它克服。

成功来自于人心的欲望，当你看到别人成功的时候，你也希望自己做这件事，这就是欲望。有了欲望，你就有了向这件事进取的勇气和冲动，为着这件事而努力拼搏。不求做到最好，只求做到你心中所期待的那种成果。这样就使得你在做这件事的时候，情不自禁，无师自通，水到渠成般的将它拿下。

所以，欲望是做一件事的发动机，而成功就是这份欲望的结果。很多人都不理解何谓成功，整天无所事事，面对什么都是听之任之，依附于别人，听命于他人，使得自己没有了欲望之心，更加没有向前发展的动机与冲力，又怎么可能会成功？

富勒出生于很贫穷的家庭，他有七个兄弟姐妹，这也使得他常常吃不饱，穿不暖。但是他有一位了不起的母亲，她经常和富勒说："我们本不应该这么穷，不要说贫穷是上帝的旨意。我们很穷，但不能怨天尤人，那是因为你爸爸从未有过改变贫穷的欲望，家中每一个人都像他，胸无大志。"

富勒被母亲的话深深地感动了，他一心想要跻身于富人之列，开始努力地追求财富。终于在十二年后，富勒接手一家被拍卖的公司，并且还陆续收购了七家公司。当谈及成功的秘诀的时候，他告诉所有的人："虽然我不能成为富人的后代，但我可以成为富人的祖先，只要我有这份欲望与追求。"

每个人都曾有美好的愿望，成功取决于自己是否有火一样的激情投身于你的事业中去，是否有强烈的欲望填充你的心灵。当自己有强烈的欲望想要去达成时，那么成功将不再是空想，你一定会成功。人的欲望有多么强烈，就能爆发出多大的力量。当你有改变自己命运的强烈欲望的时候，所有的困难、挫折、阻挠都会为你让路，它们只是你成功路上的绊脚石。欲望是克服困难，战胜阻挠的巨大能量。

从心理学的角度来分析，人们基于对环境的认识，进而有了对欲望的追求，这样也就有了做一件事情的动力。为了实现这个目标，就需要引燃发动机，即欲望。欲望越强烈，目标离你就越近，正如放飞的热气球，只有发动机越旺，热力越大，气球升的才越高。

有了明确的目标，有了火热的、坚不可摧的欲望驱使，必然产生坚决有力的行动。所有成功的人都有着不畏困难、不轻言败、坚定的决心和恒心，有了这些良好的心理素质做后盾，岂能不成功？

[欲望需要时刻记得保养]

行为与语言是人心理的外在表现，懂得宽容与放下的人，心胸必定豁达；懂得勇敢和进取的人，就渴望得到成功与他人的肯定；对名利追求属于乐观心理，如果这份追求极具意义和生活价值，那么就会让自己在工作中具有活力与动力。处于职场中的人，都是为着共同的目标而来的，对名利有着极强的欲望。但是不能让这种欲望占满心，要时刻记得保养，要懂得满足，满足现状与所拥有的，这样才会活得快乐与充实。

成功要因人而异，成功心理学专家唐纳德·克里夫顿博士曾经说过："要成功，小兔子就要跑步，小鸭子就该游泳，小松鼠就该爬树，所以判断一个人是不是成功，最主要的是看他是否最大限度地发挥了自己的优势。"每个正常人都有其独特的才干，并且从小就有着自己喜好的东西，而这份喜欢就是人原始的欲望。

因为人总是不满足的，总是想要得到各种各样的东西，穷人想要钱，富人想要权，当权者想要名利兼得……我们从小到大，一直在不停地思考着要通过什么样的渠道来实现自己的各种各样的欲望。

专业人士解释，这是人所具备的贯穿一生且能产生效益的感觉和行为模式，是先天和早期形成的，一旦定型很难改变。电影皇后罗兰、美声歌王帕瓦罗蒂、企业家皆模韦伯纳等等，这些精英之所以出类拔萃，皆因为从小就懂得为着那份欲望而努力，相信自己一定会实现自己的梦想。

其实成功在每个人心中的定义也不一样。成功很简单，有些人希望自己能快乐一生，所以快乐就是成功。满足也属于成功，在当今这个充满竞争的社会，安于现状还是追求上进，完全取决于自己的选择。有的人认为只有做出一番大事才算成功，有的人认为稳定的工作，温馨的家庭也算是成功，但是这些成功都需要有一个原动力，那就是欲望。

人需要欲望，从出生到成长，每一天都会有欲望。有野心的人，取得的成就越大，欲望也越大，但是他们懂得在欲望的沟壑里，用满足来填平这份欲望。因为他们深知欲壑难填，欲望过大就会扭曲人的心灵，会使自己走入人性的误区，从而造成不必要的伤害。所以，虽然欲望是成功的原动力，但如果不及时保养，也会让自己受伤。

心理小贴士

欲望是一把双刃剑，上帝创造人类的同时也创造了欲望。种种的欲望催化着人类向前进步，它是推动社会发展的特效药。一个人的潜力是无限的，欲望再大也逃不出人的内心世界。所以人对欲望有控制权，千万不要被欲望控制了心性，扭曲了自己的灵魂，使得人生变得毫无价值！

伟大的成功学家爱默生说："要费一些时间去细想，但当你采取行动的时刻到来时，就不要再踌躇，目标再大，如果不去落实，永远只能是空想，成功在于意念，更在于行动。"从心理学的角度分析，人通常都有很多梦想，但真正付诸行动的却很少。成功取决于实际行动，并非望月而想。伟大的抱负不是用想而梦出来的，是用大脑及双手做出来的，成功秘诀就是：想到了就行动，行动！行动！再行动！！

百思不如一动

[成功需要付出行动]

在人的一生中，总有着太多的憧憬，有着太多的理想。有些可能不现实，有些却是身边的日常小事，只要动动手就能做到。可是有些人太懒，总是拖延时间，等等再说，在这样一而再再而三的等待中，既浪费了时间也让自己成为了被人瞧不起的懒人。只会耍嘴皮子的人，任你再吹捧自己，再夸大其词也不会有人相信你会取得成功，因为你只长了一张会说话的嘴，却没有可以行动的手和腿。

从前，一个村里有一个猎人。有一天，他要上山打猎，虽然他带着袋子，带着弹药，带着猎枪与猎狗，却不将弹药放在猎枪之中。有人看到了，劝他出门前把弹药装进枪筒里，他就嚷道："废话，以前我没有去过吗？这些还需要你们来教吗？"别人看他不领情还这样对待自己，就再也不管了。

猎人来到了森林里，这时他看到一群麻雀，就准备拿枪开打，可是他忘记了自己没有装弹药，麻雀看到了猎人吓得急忙飞走，猎人只得作罢。然而，他不但没有想现在将弹药装进猎枪中，反而抱怨麻雀飞得太快。

他又来到小河边，看到一大群野鸭密密的浮在水面上。他的枪法很好，一枪能够打死六七只。毫无疑问，如果他现在开枪打这些野鸭，能够他吃上一个礼拜了，但是他的枪筒里没有装子弹。当他匆匆忙忙装子弹时，野鸭却发出了嘎嘎的叫声，一起飞了起来，很快就不见了踪影。

猎人又没有猎到食物，这个时候他准备休息一下，却突然下起了大雨，无处可藏的他只得被大雨淋得全身是水。看着空空如也的袋子，他只得拖着疲乏的身子，走回家中。

从心理学的角度分析，任何一个人都有懒惰的习惯，但是成功者懂得刻服人性中的懒散，懂得勤劳致富，失败者只会拖延应该去做的事情。但是每天都有新的事要去做，今天是的事是新鲜的，与昨天的事不同，明天也自有明天的事，所以今天事今天完成，千万不要拖延到明天。"明日复明日，明日何其多。我生待明日，万事成蹉跎。"

没有行动，再聪明的脑子也是空壳；没有行动，再高深的学识也是白纸；没有行动，再大的气势也是死水；没有行动，再杰出的本领也是虚设。所以想要成功，就要行动起来，抛掉懒惰的借口，从心理上真正地做一个办事迅速的人。

[具有行动的心理才能制胜]

世界上著名的商业成功人士巴里·J·法伯曾经说过："行动决定一切。"成功不仅是要积极实践，更重要的是要勇于迈出那关键的一步，这样的行动才能真正决定你是否将获得成功。从成功心理学的角度分析，一个人的成功离不开他的一言一行，言语是希望的开始，行动就是希望的果实，所以行动决定一切。

在我们出生的那一刻，上帝就告诉了我们成功的秘诀，他在给人类一个会思考会创新的脑子的同时也给了人类双手与双脚。随着年龄的增长，当孩子渐渐对外在环境有了一定的认知，有了幻想与梦想的时候，双手与双脚就是实现它们最好的武器。

人有两大宝，双手和大脑，双手会做工，大脑会思考。学会双手与大脑合作，就能让自己的愿望实现，这是上帝的旨意也是自己的本能。

很多人由于从小受到外界的影响，害怕、孤独、畏首畏尾，使得双手不敢张开，不敢去拥抱未来，总觉得自己的前面有一堵墙，一旦张开双手就会被墙撞伤。

当这种畏惧心理占满一个人的灵魂时，他的双手永远也不能付出行动，那么就只能悲叹命运，感叹英雄无用武之地了。这样越来越多的人仿照这一种做法，去安慰自己那脆弱的心灵，殊不知，这就是一种懦弱的表现。这样的人永远也看不到自己的梦想实现，只能望着天上的星星指天骂地，悲观失望。

心理学家常常对失意的人说："站起来，行动，行动，再行动。"医生常常对坐在轮椅上的病人说："相信自己，勇敢的站起来，就还能走路。"这不仅是一种心理上的指引，更是对成功的一种诠释，只有行动了才能实现梦想。

纵观古今，每一位英雄的成功都是用自己的双手与智慧拼出来的，没有人敢说成功与行动是相互独立的。成功是行动的结果，只有思考的正确，顺着思考的方向舞起双手与双脚为着那一份梦想而努力，才能实现自己的梦想。

思路决定出路，行动决定成功，唯有行动才能决定人生价值。看到行动路上的困难，绝对不能放弃，要知难而上。雄鹰做到了崖顶不惧生死的飞翔，所以它是鸟中之神，大凡成功的人都懂得用实践来总结失败的经验，用行动来证明。成功就在自己的双脚下，往前跨一步就是成功！

心理小贴士

成功心理学中有一句话叫"心动不如行动"。做人做事最怕的就是变成"理论上的巨人，行动上的矮子"。口头理论再好，说的再滔滔不绝，如果只是坐而论道，光说不练，永远也产生不了任何结果。只有目标有了，方向明了，心态好了，能力足了，立即行动了，才能让自己走向成功！

成功心理学创始人唐纳德•克里夫顿博士通过对动物的研究，发现了人与人之间的不同。他从中找出每一个人的优势，来进行精确的心理分析，受他指点过的人都步入了成功，成为各业界的名人。虽然人无完人，但是"天生我才必有用"，只要能够发现自己的优点，找出自己的优势，就能取得意想不到的成功。

发现自己的优点

[发挥个人优势，树立自我信心]

一切都是公平的，先天的遗传虽然能响个体的成败，但是后天的努力才是主导。每个人都有自己的优点，当你拥有聪明的脑袋时，你不一定能够拥有让人乐于倾听的歌喉；当你拥有漂亮的容貌时，你不一定能够拥有让人欣赏的才学。所以判断一个人是否成功，最主要的是看他是否最大限度地发挥了自己的优势，是否为找对了自己的发展方向，是否为着自己的发展方向努力过。

有这样一则寓言故事，森林里有一群小动物，为了和人类一样聪明，它们决定开办一所学校。开学的时候，来了许多动物，有小兔子、小鸭子等等。为了保证每一位学员都能学到知识，学校规定，开设五门课程，包括唱歌、跳舞、跑步、爬山和游泳。

第一天是跑步课，小兔子十分兴奋，一下子在体育场跑了一圈，并自豪地说："我能做好我天生就喜欢做的事！"而其他的小动物却十分不满意，认为这十分不公平。第二天上游泳课，小鸭听了兴奋地跳进了水里，使得昨天高兴的小兔傻了眼，其他的小动物更没有招。接下来的情况，就不言而喻了，总之，小动物们总有自己的优势与劣势。每天都有小动物抱怨课程不好，也有小动物称赞自己是最棒的，一天天下来，学校只得关门停课，重新修整课程了。

这则寓言告诉我们，每个人都有自己的优点。从出生的那一刻，每一个人都站在同一条起跑线上，如果想要得到同样的回报，就必须有同样的付出。所谓"一分耕耘，一分收获"只要勤奋就可以获得成功，所以面对别人的成果时，自己首先要自信，相信自己也可以做到。只有对自己肯定，才能发挥自己的优势，创造自己的财富。

拥有自信的人，才能激发自我的内在潜力，拥有进取的勇气，才能在困难中学会坚强，时刻保持乐观的精神。因为他相信自己一定会成功，虽然现在这条路十分难走，但是只要坚持就一定会取得胜利，困难只不过是成功必经的一个过程。

有了自信与希望做后盾，我们做什么事情的时候都会面带微笑、处之泰然，什么时候都懂得与人为善。所以当我们找出自己的优势，看到自己的闪光点，懂得运用自信来看待人生时，就拥有了成功。

从心理学的角度分析，每一个人在拥有自卑的同时也拥有自信。成功者喜欢将自己自信的一面挖掘出来，或是一句夸赞，或是一件奖品，都能激发他的自信心理，自信者才能勇敢的向前发展。所以任何一个受挫的人，都要学会找出自己的优势，然后循序渐进，产生一种自信心理。但是自信并不等于自负，在认识到优势之后也要懂得看到自己的不足，然后找出良策解决弊端，将自己的优势充分发挥出来，从而取得成功。

成功者拥有一颗积极的心，因为优秀而自信，因为自信而勇敢，因为勇敢而努力，因为努力而进取，因为进取而成功。优势是成功的开始，只有优势才能引发自身的自信心理。但自信并不是自恋，自信是一种正确的积极心理，它引导人向正确的方向发展，而不是盲目空想，不是自我吹捧。自信与虚心并存，一个真正自信的人往往会将自己的头垂得很低，但是脚印却踩得很深。

[懂得运用自己的优劣]

从比较心理学的角度来分析，如果想要成功，就必须正视自己的短处。当与你比较的对象占优势，而你处于劣势的时候，你的心理千万不要处于劣势，要善于观察他人的弱点。人无完人，他在有这方面的优势时，一定有着另外的劣势，实在找不着他的劣势，就选择不与之比较。乐观看待自己的人生利于个人心理发展，让我们在蓝天中勾画自己的万里晴空。

成功心理学告诉人们，不要把自己的钱投在不熟悉的领域里，不要在必败的领域里和人竞争。人生就是一场严肃的竞技，很多人都希望自己过的比别人好，活得比别人快乐，哪怕多走点弯路。但是只有正确的方向才会发挥作用，否则就会变成一种盲动。很多时候，人更需要的不是与人比拼的坚强与精神，而是分辨方向的智慧。

学会深入了解自己，根据自己的优势选择自己的人生路程。不适合在宦海沉浮的人，或许可以去做生意；不适合做生意的，或许可以去做学问；长得不漂亮的，可以不比相貌比性情等等。成功的人懂得运用自己的优势，把竞争引向自己擅长的领域，不把自己逼进死胡同，以致于在痛苦中难以自拔。

公安局新招了一批警察，单位决定对他们进行培训，在培训观察中安排岗位。有很多学员都爱打篮球，领导下班后，常来看他们打篮球，学员们为了给领导一个好的印象，都在努力地表现着自己。

当别人在篮球架下越战越勇时，有一个学员却越来越灰心，因为他个子矮，而且对篮球也不感兴趣。但是怎样才能让领导看到自己出色的一面呢，苦练是比不过自己的同事了，想要让自己出类拔萃，唯一能做的就是放弃篮球，选择自己的优势。

他退出与人竞争的篮球场地，做了一位普通的观众，但是与观众不同的是，他的手里多了台照相机。他爱好文学，把自己这些天的所见所闻写成文章，发表在当地的晚报上，还配有他们打篮球的照片。他的这种做法立刻引起了学员们的关注，更引了教官和政治部领导的注意。此后，他接二连三的发表了一些作品，到集训结束后，他被政治部主任调进了宣传科，职业生涯不比那些打篮球的小伙子们差。

　　每个人都渴望被人称赞，但是想要被人称赞就必须有让别人称赞的理由，有能与别人一较高下的优势。在这个竞争日益激烈的社会中，每一个人从小都与别人进行着比较，从而引发了人自身强烈的竞争心理。在贫穷与富有的比较中，看到了那份艳羡与轻视，在美丽与丑陋的比较中，看到了那种称赞与嘲讽，因为贫穷而使自己痛苦、无奈、抱怨，因为丑陋变得自卑、孤僻。其实大可不必，生来就注定的条件未必是不可以改变的，要懂得自我调节，选择正确的对象作比较，才能发挥自己的优势，让别人不敢轻视自己。

心理小贴士

　　上帝是公平的，在给了你贫穷的时候一定会给你创造财富的勇气与智慧；在给了你丑陋的外貌时一定会给你另外的优点，比如动人的歌声、优美的舞姿、富有的家庭，更重要的是一颗温暖的爱心。所以每一个人都有自己的优势，不要因为外界的因素而迷失了自我，调整好自我心理，找出适合自己发展的道路，用其他的优势将别人比下去，成为人人眼中的明星，那么你就是最棒的。

善用时间就是善用自己的生命，美国管理学会主席吉母•海斯曾说过："一个人可以学会更有效地使用多种管理工具，以便在同样多的时间里使自己更加富有。"成功者懂得运用时间，珍惜时间，从而提高效率。

时间是成功者的生命

[不做时间的奴隶，做时间的主人]

随着社会的发展，很多年轻人都开始害怕上班。只要平时做事快一点，把工作时间延长一点，就会变得心力交瘁，而且还多会感叹：什么都做不好，什么都做不到，甚至会说没有时间。但是你确实从早晨忙到晚上，有些人甚至废寝忘食，忙到没有家庭观念，没有休闲活动，仍会感到沮丧、无奈、焦虑，抱怨时间不够用。

美国管理学家唐纳德•C•伯纳姆对待这种时间少、工作量大的抱怨提出：不是时间不够用，也不是一天的工作量特别大，而是在处理任何工作时，没有事先想过，能不能取消它，能不能与别人合作，能不能用更简便的东西代替它？这些对于自己管理时间的人来说都是可以借鉴的，合理有效地利用时间管理，才能让自己在日常事务中执着并有目标的轻松完成任务，引导并安排自己的正常生活。

有两个人，到非洲去考察，在路中却丢失了方向盘与地图，在茫茫大草原中，两个人十分无奈。突然看到一只非常凶猛的狮子朝着他们跑过来，两个人害怕极了。眼见着狮子即将跑到身上，其中一人马上从自己的旅行袋里拿出运动鞋穿上，另外一个人看到同伴穿运动鞋就摇摇头说："没有用啊，再怎么跑也跑不过狮子。"同伴说："你当然不知道，在这个时候，我只要跑得比你快就行了。"

听了同伴的话，那个人大吃一惊，他觉得两个人在这时候应该同心协力，没有想到同伴却准备逃跑。但是面对这头狮子，他一个人确实不能解决掉，必须靠两个人努力才行。然后他对同伴说："你跑得了一时，跑不了永久啊，赶紧停下来，将你手里的弹药装在我的枪筒里，然后吓跑这头狮子。"

同伴听到后才想起这个，赶忙跑过去跟另一个人合作，听到枪响，狮子火速离开，两个人才算保命。但是另一个人对同伴已经不信任，虽然同伴已经知道自己错了，但是由于另一个人时时刻刻提防着自己，根本就不能想办法去解决迷路问题，结果两个人饿死在大草原中，成了狮子的大餐。

人们正处在一个竞争激烈的社会中，从出生到死亡必须参加一场人生的竞赛，不管怎样竞争，让人感到束手无策的一样东西，那就是时间。时间就好比故事里的狮子，人们怎么跑也不能跑得比它快。想要在时间中获胜，唯一的办法就是真诚合作，做一个管理时间的高手。

席勒曾说过："时间的步伐有三种，未来姗姗来迟，现在像箭一般飞逝，过去永远静立不动。"岁月在任何时候都悄然流逝，所以在某些情况下，时间资源获得的收益比资本和劳力资源所能获得的收益要大得多，重要得多。做人应当珍惜时间，不能停留在过去的时间中。像故事中的人一样，如果另一个人不为同伴刚开始逃跑的举动所累，而是不计前嫌，好好合作，两个人或许早已找到出路，即使找不着出路，也能用自己手中的武器打些猎物，找些食物，不必活活饿死在大草原中。

管理时间的高手，深深懂得时间的可贵，在面对让人难以对待的时间敌手时，唯一能做的就是不看过去。今天的事情努力去完成，想好未来的事情，让自己每天都有一个好心情，每天工作都顺顺利利。从心理上来说，当时间的主人要好过当奴隶，控制不了时间对自己的束缚，可以控制自己心理上对时间的掌握，使得每一分钟、每一钞钟都活得有规律、有意义。

[摆正心态，做一个管理时间的高手]

人生都是在不断地追求中才活得有意义，成功者是因为得到了所有人追求的结果。然而当所有人在赞叹或是羡慕这种结果时，却忽略了在追求的过程中，如何去节约更多的时间，如何把时间投入到最有效率的结果上，使得每一个人的追求用最小的代价或是花费获得最佳的期待结果。

从一个人的心理特性来分析，很多人都是失去了才知道珍惜。所以只有将自己的每一天都当作自己的最后一天，才会将恩怨情仇抛弃，努力为着自己的梦想去奋斗，寻找自己真正希望的和想要的东西。

只有在最后一天，才能分外珍惜这一天的分分秒秒；才会善待身边的每一位认识的人；才会宽容身边的敌人与竞争对手；才能学会快乐与放下，这样自己就会觉得做每一件事情都充满了意义。当时间真正成为最宝贵的东西时，那么就抛弃所有的杂念，为着自己的目标而努力奋斗吧，相信成功离自己不会太远。

摆正心态，将自己的每一天都当作自己的第一天，才会怀着一颗好奇之心去探索这个世界的一切，发现很多的美好。走在路上会发现路边的桃花开了，粉红色的很香，很美丽；坐在公交车上，会看到有个可爱的小女孩，眼睛很大很清澈；吃饭时会发现今天的菜特别的美味；穿一件之前从未尝试过的颜色或款式的衣服时，会让所有人眼前一亮等等。

为什么第一天和最后一天能够带给人美好呢？因为随着人的年龄增长，时间显得单一而漫长，很多人在追求的过程中失去了原有的那份单纯与执着。太多的俗事缠身，漫长的时间纠结，让人的眼睛蒙上一种迷茫与困惑，从而产生种种的负面心理，使得很多人不愿再面对现实，不敢正视自己。

其实这些皆因为自己没有摆正心态，没有真正找到自己想要的，太多的诱惑让自己丢失了本性，在原有的追求中盲目空想。直到最后一天，临别之时才恍然悔悟，心里百感交集，痛责自己不懂得珍惜时间，一生碌碌无为，悔之晚矣。

心理小贴士

成功者拿时间当生命，在与时间的比赛中，努力让自己笑到最后，从起步到结束为自己画出完美的线条。虽然在奔跑中，有很多跟自己一样的赛跑人，或是朋友，或是敌人，或是亲人，但更多的是奔跑路上，上帝制造的鲜花与泪水。面对种种的外在诱惑，要记得摆正心态，做时间管理的高手，在现有的人生中取得自己想要的成果。

美国心理学家威廉通过对人类的心理能力分析，发现正常的人终其一生却只利用了他固有能力的百分之十，成功的人也只不过利用了他固有能力的百分之十几，可见人的潜在能力即潜意知比意识大了多少倍。世界潜能大师博恩•崔西曾经说过："潜意识的力量比意识大三万倍以上。"很多人都可以成功，关键是自己愿意不愿意开发自己的潜意识。

开发你的潜意识

[潜意识能够扭转乾坤]

美国作家拉尼布赞教授说过："你的大脑就像一个沉睡的巨人。"它聚集了人类数百万的遗传基因层次信息，它囊括了人类生存最重要的本能与自主神经系统的功能和宇宙法则，即人类过去所得到的所有最好的生存情报。因此只要懂得开发和利用这种与生俱来的能力，可以说实现自己的愿望十分简单。

成功的作家创作精品需要灵感，灵感就是潜藏在自己内心的神秘力量，即自己的潜意识。一般女性都有第六感觉，这种感觉会给人的心理上或是生理上造成一定的影响。其实潜意识是相对于"意识"的一种思想，也就是人类原本具备却忘了使用的能力，即潜力。

一个有着强烈求生愿望的人，会在与狮子奔跑的过程中，超过自己正常奔跑速度的几十倍，这就是一种潜意识，是求生的本能促使他不停的向前奔走。虽然潜意识存在于人的深层意识中，既看不见也摸不着，却一直在不知不觉中控制着人类的言语行动。当一个人的渴望值超过正常的本能渴望时，在适当的条件下，这种潜意识就可以升华成人类文明的原始动力，扭转乾坤，创造让所有人都意识不到的奇迹。

潜意识可以说是人类心灵中的神明，它包罗万象，深厚神奇，无所不能。一般人学习的时候运用的都是意识的力量，潜意识只有在极为强烈的欲望中才能体现出来，所以任何的潜能开发，任何的希望需要实现，都必须依靠自己的潜意识。

有一位年轻的妈妈，在地震到来的时候，她不能离开自己的儿子，因为儿子根本没有意识到危险的降临，还在妈妈的怀里嬉戏玩耍。妈妈舍不得丢掉自己的儿子，她十分疼爱自己的儿子，在生死存亡的那一刻，她希望自己的儿子好好地活着，为此在儿子的脸上亲了又亲。墙塌了下来，妈妈用自己的四肢顶住了厚厚的墙壁，用怀抱给了儿子一片天空。

当救援人员来到这里的时候，他们听到了孩子的笑声。一个大男人根本就搬不开那厚重的墙壁与碎石，后来他跟几十名救援人员一起才把水泥做成的厚墙壁推开。让他们意想不到的是，这么厚重的墙壁，这位年轻的妈妈却用自己的身体顽强的抵抗住了，而且孩子在她怀里，一点事都没有。

当救援人员把孩子抱出来时，怎么挪动年轻妈妈都挪不开，她的双腿已经深深的陷进了水泥地中，足足有十厘米厚。她的爱震撼了当时所有的人，让每一位观众都看到了生死之间的那种爱的伟大与奇迹。

如果将人类的整个意识比喻成冰山，那么正常人所运用的意识一般约占冰山浮出水面的百分之五。换句话说，人类潜意识的力量就是隐藏在冰山底下的百分九十五，可以说它是超越三度空间的高度空间世界。维也纳大学的康士丁博士估算，人类的脑神经细胞数量约有一千五百亿个，脑神经细胞受到外部的刺激，会长出芽，再长成枝，与其他脑细胞结合并相互联络。然而人类有百分九十五以上的神经元处于未使用状态，如果这些神经元能够被唤醒，可以说每一个人都是超人，是神明！

[如何激发潜意识的力量]

常听人说伟大的爱因斯坦、爱迪生等人都是天才人物，但是他们一生中也不过运用了潜意识力量的百分之二，甚至还不到。所以任何人不论你智商的高低，背景的好坏，不论你的愿望多么的高不可攀，只要善于运用这股潜在力量，就一定可以美梦成真。正如潜意识大师摩菲博士说："我们要不断地用充满希望与期待的话，来与潜意识交谈，于是潜意识就会让你的生活状况变得明朗，让你的希望和期待实现。"可见潜意识的力量多么伟大，那么怎样才能激发一个人的潜在意识呢？

生死搏斗中，很多人都能激发自己的潜意识。只要不去想负面的事情，脑子里不停有着求生的欲望，那么即使自己会失败也能创造奇迹。所以要左右自己的命运就必须选择有积极性、正面性、建设性的事情。

1. 不断学习开发记忆功能

学问是人生中必不可少的，事事留心皆学问，想要使自己的大脑更聪明、更富有智慧，更具有创造性，更符合现实性，就必须给潜意识输送更多的相关信息。如果一个人想要成功和取得卓越的成就，只有不断地学习新东西，才能协助潜意识为自己的创造性思维和聪明才智服务，使自己领先于其他人，站得高自然就能成功。

2. 分清好坏，合理开发潜意识

人分好坏，潜意识是跳过人的意识而直接支配人的行为，或是形成人的各种心态的重要因素，所以潜意识也有成败、好坏之分。如果想要获得有积极性的、正面的成功，就必须控制好自己的潜在意识。

3. 开发利用潜意识的自动思维创造智慧功能

潜意识会突然迸发，它不受任何事物支配。比如创作人员，在苦思冥想某一问题时，并不能获得希望的结果，然而结果往往出现在梦中，或是早晨醒来，或是某一时刻，总之会在自己意想不到的时刻迸发出来。有的人说这叫灵感，其实这就是潜意识，所以自己要随时准备纸笔，因为它来的快去得也快，不记下来很有可能丢失，这是比财富更重要的东西，也是成就辉煌事业的基础。

4. 抛开一切，不断想象、自我确认、自我暗示

成功来自于信念，拥有强烈的信念才能创造奇迹。如果想要成功，就必须反复思考如何取得成功，只有在反复的思考与探索中，潜意识才可能会去接受，才

会让自己的目标得以实现。

心理小贴士

　　潜意识是创造奇迹的神明，是联系人类心灵与宇宙无限智慧的桥梁，是造成人类进步、产生各种发明和创造力的来源。透过潜意识，人类可以化腐朽为神奇，但是因为人类目前对潜意识所知有限，甚至感到陌生，使得人类的潜意识开发相当有难度。在潜意识面前，人类开发的只是冰山的一角，想要将潜意识控制于自己的头脑之中，只有不断地学习与开发，不断地自我暗示，并且坚定自己的信念，才能将想要实现的构想、愿望或目标实现。